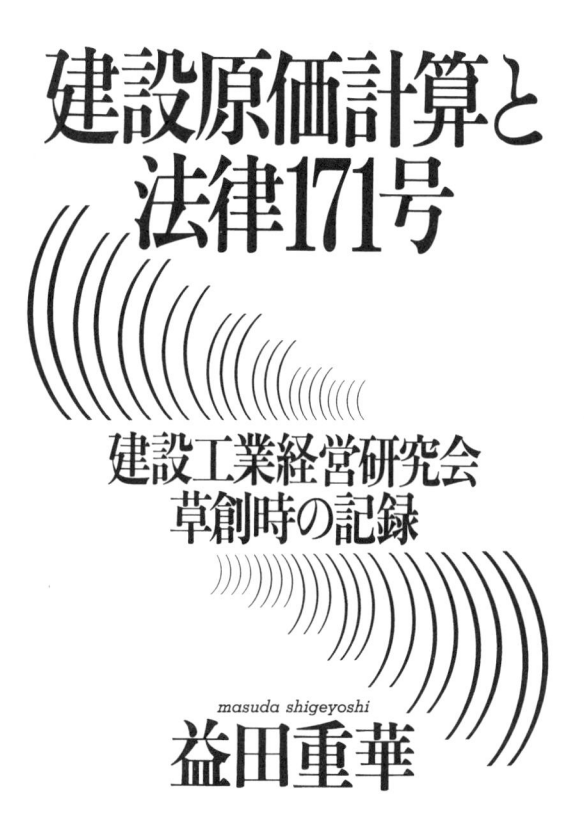

建設原価計算と法律171号

建設工業経営研究会 草創時の記録

masuda shigeyoshi
益田重華

大成出版社

刊行にあたって

　建設工業経営研究会は、建設業の経営に関する問題を調査、研究する機関として昭和23年（1948）5月に発足し、以後、建設業の経営、経理、技術等、広範な分野にわたって積極的な調査、研究活動を実施し、建設業の発展に大きな貢献を果たしてきている。

　益田重華氏は、建設工業経営研究会の発足時から参画され、常務理事、専務理事等を歴任され、現在も相談役として適切なご指導をいただいている。すでに、在任中に発表された主要な論文、エッセイ等の多くは、『建設産業近代化への側面史』（1996）一巻にまとめられていて、そこからは今後の建設産業へのさまざまな示唆を読み取ることができる。

　本書は、この『建設産業近代化への側面史』に収録されなかった終戦直後の昭和25年（1950）までの混乱の時代、すなわち建設工業経営研究会の草創期にあたる時期に焦点をあてて、岩下秀男法政大学名誉教授のご尽力により、《建設原価計算と法律171号》を取りあげ、まとめていただいたものである。岩下先生の精確で緻密な、細部にまで目のゆきとどいた編集によって、いま戦後の建設界の歩みを知るうえでの貴重な史料の一つが甦ったのである。

　編集をしていただいた岩下先生には、深甚なる謝意を申上げねばならない。

　激動の建設産業のなかで、かつてはこういう歴史的事実があった

のだということを知っていただければ幸いである。

2001年10月

建設工業経営研究会

会長　前田　又兵衞

はじめに

　建設工業経営研究会が創立されたのは昭和23年（1948）5月のことで、終戦直後の、ちょうど混乱の時代であった。
　21世紀に入り、経研は53歳になる。
　私は94歳になった。
　ずいぶん、齢を重ねたものである。
　経研の草創期のことは鮮やかに覚えている。
　最近のことよりも、半世紀もむかしのことのほうが、鮮烈に甦ってくるのだ。
　これが、94歳になった、いまの私である。
　当時のことを書いた原稿の綴りや藁半紙の資料類は、いくつものダンボールに収めて経研の書庫に眠っている。そのなかから、岩下秀男さんが「経研略史」を取り上げてくださった。
　私には、「経研略史」をあらたに書き改める気力も根気も失せているので、ここはすべて、岩下さんにおまかせした。
　岩下さんのご尽力によって、思いがけず、この小冊がまとめられる。
　たいへんにありがたく、うれしいかぎりである。
　岩下秀男さんに篤く御礼申上げたい。

　　2001年10月

　　　　　　　　　　　　　　　　　　　　　　　　　益田　重華

目　次

- Ⅰ　敗戦—建設業界の対応……………………………………… 1
- Ⅱ　建設工業原価計算要綱の作成………………………………10
- Ⅲ　法律第171号の施行……………………………………………23
  - 付　職業安定法の施行………………………………………31
- Ⅳ　建設工業経営研究会の誕生…………………………………34

- 資料－ 1　一式請負に依る工事契約書……………………………41
  - 実費精算に依る工事契約書……………………………47
  - 請負金額限定の実費精算に依る工事契約書…………54
  - 工事数量限定の実費精算に依る工事契約書…………56
- 2　建設工業原価計算要綱案…………………………………57
- 3　官庁工事請負標準契約書案………………………………66
- 4　政府経費の削減に関する件の覚書………………………77
- 5　政府に対する不正手段による支払請求の防止等に関する法律……………………………………79
- 6　政府の公価厳守に関する措置について…………………88
- 7　昭和22年法律第171号が適用される建設工事の原価計算要綱……………………………………………91
- 8　書式等に関する共同省令…………………………………93
- 9　労働省告示…………………………………………………97

資料－ 10　法律第171号に対する意見……………………102

　　　　11　政府に対する不正手段による支払請求の防止
　　　　　　等に関する法律の一部を改正する法律 ………106

　　　　12　政府に対する不正手段による支払請求の防止
　　　　　　等に関する法律を廃止する法律 ………………106

　　　　13　法律第171号廃止法成立　その経過と解説…………108

　　　　14　職業安定法施行規則第4条第1項第4号を下請に
　　　　　　適用する場合の認定基準案についての答申…………111
　　　　　　　　同　上　基準案………………………………112

　　法律第171号と原価計算 …………………………………117
　　　（彰国社建築文庫 NO24 より転載）

　　　略年表………………………………………………………135

　　　編者あとがき………………………………………………136

建設原価計算と法律171号

建設工業経営研究会
草創時の記録

I　敗戦—建設業界の対応

　昭和20年8月15日、日本無条件降伏。20日米軍先遣部隊が、30日には連合軍総司令官マッカーサー元帥以下大部隊が、B29の翼を連ねて進駐してきた。
　ジープが大路、小路を走り回って、戦災を免れたビル、官公庁舎、病院、学校、工場、劇場、さては個人の大邸宅などを片っぱしから強制収用した。これらを各部隊の本部、兵舎、高級将校の住宅にするため大改修させるのが、進駐軍の最初の仕事であった。
　ところが、日本の行政機構は、ほとんど機能停止の状況にあり、「虚脱」という言葉が一番よくその状態を表現するに適当であった。
　接収も改修工事も、日本の行政機構はもちろん、進駐軍としても無秩序と思われる程、いきなり乗り込んできたジープの命令のままに「街の請負人」が仕事をしなければならず、床の間はロッカーに改造させられ、立派な床柱もろともペタペタとペンキ塗を命ぜられ、かと思うと畳の上に敷く高級ジュータンを探し廻ったりであったが、「街の請負人」は請求書をどう書いてどこに提出したらよいか判らないという状態が戦後の始まりであった。
　一方、広島、長崎の原爆による壊滅、東京その他主として空襲による戦災都市115都市、面積1億8千万坪に及ぶと言われ、生き残った市民の生活はみじめなものであった。生産の停滞は衣食住の補

給に間に合わず、特に「住」については前述のように進駐軍の調達要求に追いまくられていたのが本音であったろう。

　戦前の建築行政の窓口は、内務省にあったり厚生省にあったり、商工省にあったりしたようであるが、終戦時は「土木」は内務省国土局に「建築」は住宅として厚生省にあったとする記録がある。応急的に進駐軍関係の工事については大蔵省終戦連絡事務局を窓口として当座の唯一の業界団体であった戦時建設団を通じて業務が行われるようになったが、20年11月5日漸く一般の国土復興事業の窓口として「戦災復興院」が発足、進駐軍関係工事はその「特別建設局」、22年9月「特別調達庁」がまとめることとなり、23年7月建設省の設立とともにその「特別建設局」に移った。ついで24年6月行政整理のため特別建設局と総務局が廃止され管理局となった。進駐軍工事を所管する中央官庁は、以上のようにめまぐるしく変ってきた。もっとも工事実施は各地方長官の責任となっていた。

　ところで国内の一般建設の所管については、大まかに言って土木は内務省国土局、建築の住宅関係は厚生省、その他の建築は各省に分れていたようである。

　一方業界のまとまりは、国家総動員法第18条による昭和20年2月28日勅令第152号戦時建設団令に基づき、当時の業界団体であった軍建協力会（昭和16年設立）、海軍施設協力会（昭和17年設立）及び日本土木建築統制組合（商工組合法により昭和19年2月7日改組）を統合して戦時建設団が同年7月1日設立され、筆者は当時の大倉土木株式会社（現大成建設）から、同団関東甲信越地方団に出向を命ぜられた。

　20年7月といえば敗戦の色濃く、先輩松本甚三とともに、軍のトラ

ックの荷台に立ち尽したまま、あちこちの飛行場に工場の督促に走り回ったが、どの飛行場にも飛行機がなく、命ぜられた地下格納庫の建設資材もない状態であったし、その間空襲サイレンの度毎に飛び降りて退避するくらいがせいぜいであった。

終戦詔勅のラジオ放送は池袋のホームで耳をすませて聞いたがさっぱり聞きとれず、それからどうしてか新宿三越の入口台座に腰を降して握り飯を食っていたところ、隣の人の"とうとう負けましたな"という一言でやっと理解したことを覚えている。

それから毎日築地の本部に通ったが、15日先遣部隊の上陸、30日マッカーサー総司令部が飛来、お濠端の第一生命のビルに総司令部（GHQ）が置かれ、建設団は一転して進駐軍の設営工事の強制割当などが主な仕事となったようであるが、我々雑兵は何をすることもなく、時々"日本軍用の地下足袋"などの横流しの恩恵に与った覚えがあるほかは、関係書類を焼却するのが仕事であった。

かくて戦時建設団は、20年10月1日解散したとされているが、"特別法人戦時建設団代表者加藤恭平ということ、"特別法人戦時建設団関東信越地方団昭和20年7月1日〜昭和20年10月30日"という記録以外は筆者の手元にはない。

ついで竹中工務店会長竹中藤右衛門らの主唱によって、商工組合法に準拠した「日本建設工業統制組合」が昭和20年11月発足した。しかし間もなく、商工組合法が廃止され、これを受けて任意団体としての"日本建設工業会"が昭和22年3月に産れた。

かくて業界は終戦処理から復興の建設に対応することとなった。後に述べるように、この昭和20年から昭和23年頃までは、あらゆる物資の不足と猛烈なインフレーションに見舞われ、業界はその対応に苦慮

していた。GHQの占領施策は、財閥解体（昭和20年11月）、軍国主義者——というよりは戦争協力者——と見做された者の公職からの追放（昭和21年1月）、そして金融措置法による預貯金封鎖と新円の発行（昭和21年2月）とゆれ動くなかに、「日本建設工業会」は閉鎖機関に指定され、23年2月解散を余儀なくされた。

閉鎖機関に指定された理由は、要するに中央団体が地方団体を傘下として命令、支配するような構成は排除しなければならないという考え方と思われ、新たに地方協会の連合体としての「全国建設業協会」が生れたのは23年3月16日であった。

この間経済の混乱が続き、上記21年2月26日の「金融緊急措置令」につづいて21年3月3日、戦時中の「価格等統制令」の廃止とともに、新たに物価体系の軸としての「物価統制令」の発令、8月15日には「会社経理応急措置法」、10月8日「戦時補償特別措置法」及び「企業再建整備法」、12月28日「政府契約の特例に関する法律（法律第60号）」と次々に新法が出されたので、当時の業界団体である統制組合内に、主として在京大手業者30社程度の経理担当者の集まりとして「経理事務研究会」が設けられ、これらの法律に対する研究と対応について検討してきた。

日本建設工業統制組合沿革史によれば、上記の「経理事務研究会」は21年8月8日、「経営研究会」と名称を改めて正式に発足することとなった。

ここでいささか私事にわたるが、筆者はこの「経営研究会」の事業のうち特に「建設工業原価計算要綱」の作成に専念するため、正式に大倉土木株式会社を退社する途を選択した。

経営研究会設置の主旨、規程、構成、事業内容等を以下に掲げる。

経営研究会　業界の経営、就中経理関係の諸問題に関し調査研究乃至陳情等を為すべき事柄の頻発に対処し、旁々業界事業経営の刷新改善に資する為め、昭和21年8月不取敢京浜地区の業者中凡そ30社の経理及び技術の直接担任者を中心に創設せられ、其の会則並に会員、委員の名簿は別紙の通りであるが、此の会の運営は勿論組合理事長の指導下に置かれるものであるが、之を円滑に運営する為めには会員中から常任委員及専門委員を選び夫々委嘱せられている。即ち常任委員は会として調査研究を為すべき事項の選定並に調査研究に関する方針を樹てることに主力をそそぎ、専門委員は各々専門的な立場で調査研究を担任することにしている。其の主なる活動としては凡そ次の事項について之が調査研究がつづけられた。

一、戦時補償特別措置法の研究
二、企業再建整備法の研究
三、会社経理応急措置法の研究
四、進駐軍工事取下金促進に関する実務的研究
五、金融に関する研究
六、法律第60号に関する帳簿様式等の研究並に其の具申
七、物価庁との土木建築に関する原価計算要綱並に様式の研究並に其の具申

建設工業経営研究会規程
第一条　日本建設工業統制組合（以下組合と称する）に建設工業経営研究会（以下本会と称する）を設ける
第二条　本会は組合理事長指示に基き建設工業の経営に関する実務の調査研究を遂げ斯業の円滑な運営に資することを目的とする
第三条　本会は組合員の中から組合理事長の委嘱する会員を以て組織する
第四条　本会は左に掲げる事項について調査研究等をする
一　組合理事長より特に諮問を受けた事項
二　金融に関する事項

三　経理事務の改善に関する事項
　　四　関係諸法規に関する事項
　　五　原価計算要綱に基づく運営に関する事項
　　六　標準価格に関する事項
　　七　資材固定価格表の整理並規程、重量表等に関する事項
　　八　其の他会員に於て必要と認めた事項
第五条　本会を運営する為め会員及学識経験ある者の中から常任委員及専門委員を選び組合理事長之を委嘱する
　　　常任委員は常任委員会を組織し左の事項を処理する
　　　　一　本会の運営に関する事項
　　　　二　其の他組合理事長に於て調査研究を必要と認めた事項
　　　専門委員は専門委員会を組織し左の事項を処理する
　　　　一　組合理事長より調査研究につき委嘱せられた事項
　　　　二　調査研究事項に関する関係官庁との連絡
　　　　　　付　　則
第六条　本規程は昭和21年8月8日より施行する

経営研究会委員名簿（順不同）

竹中工務店　株木組　佐藤工業　清水組　戸田組　飛島組　松村組　鴻池組
葛和工業　木田組　日産土木　錢高組　鹿島組　西松組　藤田組　大林組
間組　児玉工業　大成建設　島藤建設　棚橋組　池田組　鉄道工業　馬渕組
石田組　川口組　小林組

経営研究会委員常任委員名簿

前田　良一（大林組）　斎藤　立実（大林組）　高島　良忠（鹿島組）
真島　信夫（西松組）　内山松一郎（清水組前任）　坂本　義（清水組後任）
山本　覚治（鴻池組）　小林　潔（竹中工務店）　平元　義雄（松村組）
柴　立男（松村組）　忍那　栄（藤田組）　窪田　重之（大成建設）

桜田　瑞穂（大成建設）　荻野　谷政（鉄道工業）　千吉良友衛（日産土木）
郡山　兼松（組合）　　　淺川　秀雄（組合）　　野上強四郎（組合）
益田　重華（組合）　　　岡島　盛三（組合）

　また「日本建設工業会沿革史」においても次のように述べている。
　　経営研究会の組織及運営方針は日建統組の沿革史に掲載されている事情と略同様であるので本誌には之を省略することとするが本会となってからの活動状況の主なる事項を掲記すれば凡そ次のとおりである。
　(1)　建設工業原価計算に関する継続的研究
　(2)　同要綱案の発行
　(3)　同要綱案解説書の発行
　(4)　同附属書類記載基準案の発行（建築工事及土木工事）
　(5)　賠償工場資材撤去に関する原価計算の附属書類記載基準の研究並に発表
　(6)　官庁工事請負標準契約書案の研究
　(7)　法律第171号に対する研究
　(8)　同法に関する解説書の発行
　(9)　企業再建整備計画書添様式の研究並に具申

　次に「統制組合沿革史」によれば、21年2月6日「建設工業制度調査委員会」が設置され、「建設省設置法」と「請負契約書案」の作成を目的として活動していた。
　委員の構成およびその成果はつぎのとおりである。

建設工業制度調査委員会委員
　　委　員　長　　鹿島　守之助
　第1小委員会　　　　　　　　　第2小委員会
　　主　査　　武富　英一　　　　　主　査　　出浦　高介
　　委　員　　林　　茂　　　　　　委　員　　中村寅之助
　　 〃 　　　戸田利兵衛　　　　　　〃　　　島田　藤

〃	西松　三好	〃	小島　栄吉
〃	小笹　徳衛	〃	大島　義愛
〃	佐藤　正樹	〃	小川　耕一
〃	平形　知一	〃	牧瀬　幸
〃	大塚　隆次	〃	小林　栄朗
〃	長尾　熊一	〃	新谷　利広
〃	平塚　兵衛	専門委員	鳥居　秀夫
〃	小室　国蔵		

第1小委員会成果

1. 建設省設置意見書（21.5.14）

　　この意見書に基づき昭和23年7月10日建設省が設置され、建設行政の窓口が一本化された。

2. 新団体組織大綱試案（21.11.29）

　　この報告に基づいて、商工組合法廃止とともに「日本建設工業統制組合」を解散、昭和22年3月1日「日本建設工業会が発足した。

第2小委員会成果

　戦後の動向として契約の民主化を図るべきであるとして、契約の双務性を強調した一式請負方式、実費精算方式の契約書案を作成した。これらは貴重な歴史的資料であるので、資料－1として掲げることとした。

　なお、「日本建設工業会」になってから、物価庁を初めとして関係官庁を中心とする関係官庁合同で、官庁工事標準請負契約書を立案され種々研究されていたが、建設工業会としては同案に対し、業界側として審議研究する要を認め、昭和22年10月、官庁

工事請負標準契約書研究委員会を設け、大林組（本田）、島藤建設（島田）、安藤組（小島）、中野組（大島）、池田組（出浦）、大都工業（小川）、鹿島組（牧瀬）、鉄道工業（小林）、古茂田工務部長、川元東京都副支部長に委員を委嘱され、郡山経理課長、淺川工務課長幹事として、昭和22年11月8日第1回委員会開催され、その後官庁側とも合同して委員会を開催審議を重ね、昭和23年2月最終案が決定された。

　これは後述する「建設工業原価計算要綱」の裏付として作成されたものである。よって資料－2として原価計算要綱とともに掲げる。

Ⅱ　建設工業原価計算要綱の作成

　建設工業原価計算要綱は、物価庁の主導により、本建設工業会の内部機関である「経営研究会」において、別記の委員による特別委員会を設けて検討の結果、21年8月8日、物価庁案として発表され、引き続いて委員会による「原価計算表及びその附属書類記載基準案（建築工事、土木工事）」を作成発表するとともに、全国的に説明会を開催するなど、その周知徹底に努めた。

建設工業原価計算要綱専門委員名簿

社　名	経　理	建　築	土　木
大　林　組	前山　良一	斎藤　立実	藤井　虎雄
清　水　組	坂本　　義	浅見　鎮明	柿沼　清一
竹中工務店	小林　　潔	鶴田　確郎	
鹿　島　組	高島　良忠	竹川　　渡	雑賀　大三
松　村　組	平元　義雄	柴　　立男	
大 成 建 設	関谷　義雄	三浦　忠夫	桜田　瑞穂
鴻　池　組	山本　寛治		
勝　田　組	種田　三郎		
西　松　組	真島　信夫		礒野　弘忠
日 産 土 木	千吉良友衛		江口　二郎
間　　　組			井島　春海
日 本 舗 道			榊　　　章
勝　村　組			小田川利喜
熊　谷　組			後藤徳次郎
鉄 道 工 業			荻野谷　政
三 建 工 業			上野　忠雄

組　　合　　郡山　兼松　　浅川　秀雄　　野上強一郎
　　　〃　　　　岡島　盛三　　益田　重華　　今川　　晃
物価庁側　　和田事務官、　片淵事務官、　小高慶大教授、
　　　　後に　谷重雄不動産課長

　建設業において原価計算という言葉は、戦前は勿論、現在においても少しく耳障りな言葉かも知れない。事前原価計算とは見積・積算のことであり、事後原価計算とは個別工事の会計処理である。原価計算要綱は事前原価計算と事後原価計算とを体系付け関連を持つものとしようとする方式である。

　原価計算要綱では、製造業に倣って原価要素を材料費・労務費・経費とするほか、建設業の特質として外注費を要素としている。外注費に当るものは製造業では、材料支給による場合は材料費と経費としての外注加工費とに分けられ、材料を加工業者が負担する場合は部品又は半製品として材料費とするのが一般と思われるが、建設業では原則として建設物は一品生産であるし、下請作業は建設現場と同一であるので外注費を原価要素とすることを結着するまでには大議論があった。結局原価要素を材料費・労務費・外注費・経費の4つとし、要綱に基づく原価計算表及びその附属書類記載基準案において原価構成を細目、科目、費目、項目にまとめ、建築工事については表−1のように整理した。これは戦前からの工種別科目分類に通ずるもので、理解し易い考え方であったが当時としては大変革であった。記載基準案の「巻頭のことば」のなかで次のように述べているのは、当時の事情を知るうえの参考になろう。

　「建設工業原価計算要綱」案は22年3月物価庁より相談を受けてから、日本建設工業会に委員会を設け、技術経理渾然一体となって、協議すること70

表-1 建築工事

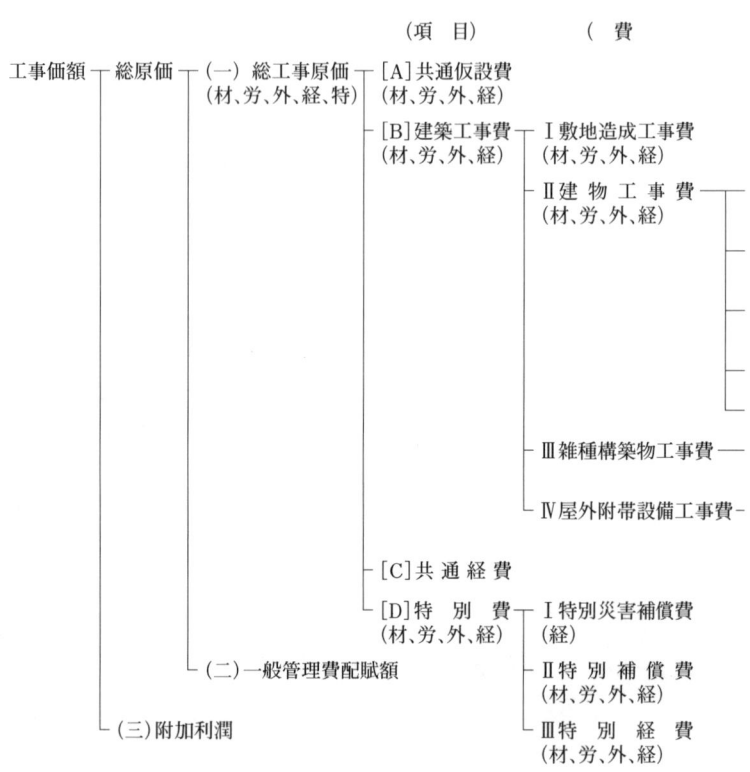

註1．共通仮設費の科目はおよそ次のとおりとする。
　　(1) 準備費　　　(4) 共通機械器具費　(7) 工事用備品費
　　(2) 仮設建物費　(5) 工事用動力光熱費　(8) 工事用通信信号設備費
　　(3) 仮設構築物費 (6) 工事用水費　　　(9) 調査研究費
2．(材、労、外、経)等は材料費、労務費、及経費の要素により構成されることを示す。
3．[　]は稀に起るべき費目にして、本書には記載せず。

原 価 計 算 方 式 図

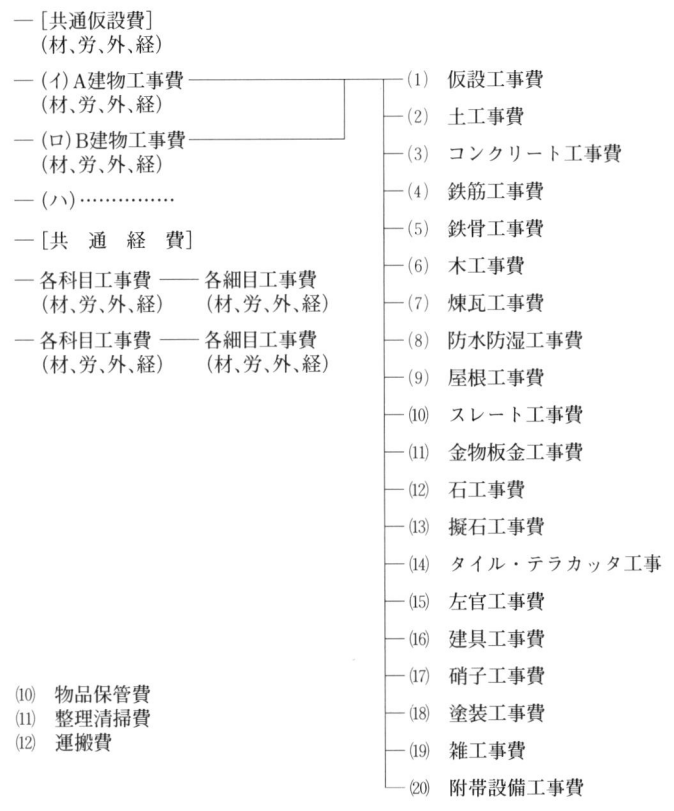

数回、その間物価庁又は関係各官庁との合同会議10数回、漸く一応の成案を得たものである。

　本記載基準案は要綱案と並行して協議作成されたもので、要綱運営の実際を示す指針である。

　要綱が公布実施されると、政府契約も民間契約も本基準案の線にそって運営されるであろう。

　本書はこの様な重要な役目を持つものであるので、各位の叱正によって、より完全なものにしたいと願っている。

　最後に本案作成に関して物価庁の多大の御指導に感謝すると共に、商工省特許標準局の委嘱を受け建築工事積算方式の規格化について研究中の日本建築学会が特に審議を加えられ、重要なる助言を与えられて、本書の内容に一段と光彩を放つを得たことを附言する。（昭和22年8月）

　この建築工事の記載基準案は、後に官民合同の建築積算研究会による「建設工事費内訳明細書標準書式」の原形であり、現在は「部分別見積書式」も組入れた「建築工事内訳書標準書式」となるものである。

　土木工事については工事種類も多岐にわたるので、代表的なつぎの工事について当時としては相当詳細な細目を掲げて、記載基準案を一冊にまとめている。

　　（イ）　鉄道工事（運輸省）
　　（ロ）　土地区画整理工事（建設院）
　　（ハ）　道路（橋梁）工事（建設院）
　　（ニ）　上水道工事（建設院及東京都水道局）
　　（ホ）　下水道工事（　　　〃　　　）
　　（ヘ）　軌道工事（東京都交通局）
　　（ト）　瓦斯工事（石炭庁瓦斯課及東京瓦斯）

（チ）　通信線路工事（逓信省）
　　　（リ）　河川工事（建設院）
　　　（ヌ）　港湾工事（建設院及運輸省）
　　　（ル）　飛行場工事（建設院及特別調達庁）
　　　（ヲ）　造園工事（建設院及東京都公園緑地課）
　　　（ワ）　農業土木工事（農林省）
　　　（カ）　水力発電工事（商工省水力課及日本発送電）

　鉄道工事について表としてまとめれば表－2のようになる。

　ところがこの間インフレの昂進は止まるところを知らず、㋛制度は有名無実に近く、流通機構は機能を失い、いわゆる闇価格が横行するようになったので、GHQは昭和22年9月12日、後述の「法律第171号」施行を迫る「政府経費の削減に関する件の覚書」を日本政府に提示してきた。

　このため原価計算要綱の発表・実施の機会を逸したが、後に述べるように、法律第171号の運用のためには大きな役割をつとめ、漸く昭和23年12月25日付をもって「法律第171号」が適用される建設工事の原価計算要綱」として一部読み替え規定を付して物価庁から物五第742号として発表されるに至った。

　この間の事情について発表に際してつぎのような前文が添えられている。

建設工業原価計算要綱案発表について

　　　　　　　　　　　　　　　　　昭23・12・25　　物価庁
　今回発表された建設工業原価計算要綱案（昭和23年12月25日物五第742号）は、土木、建築とその附帯工事を対象とし、官民双方の工事に於て、適正な工事価額の算定と経営能率の増進を目的とするものである。

　元来建設工業には、統一的な且つ合理的な原価計算制度がなかったのであ

表－２　土木工事

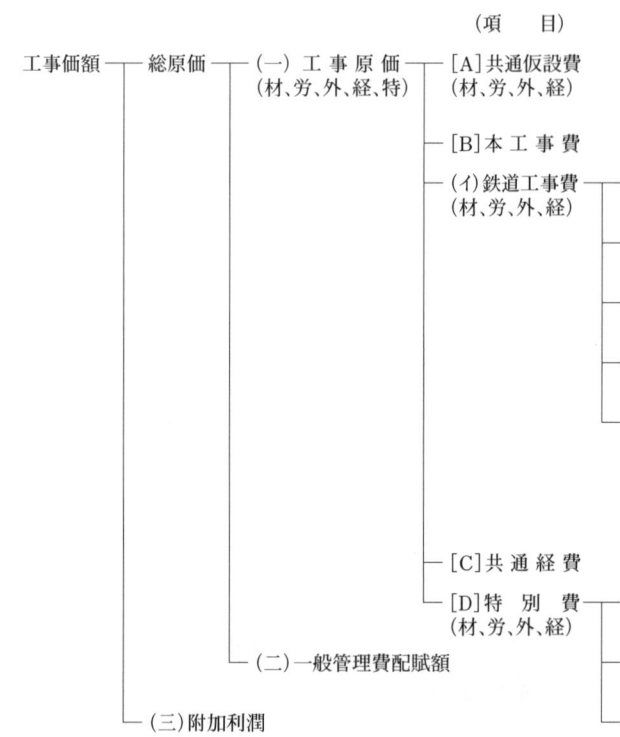

註１．共通仮設費の科目はおよそ次のとおりとする。
　　（1）準備費　　　　（4）共通機械器具費　　（7）工事用備品費
　　（2）仮設建物費　　（5）工事用動力光熱費　（8）工事用通信信号設備費
　　（3）仮設構築物費　（6）工事用水費　　　　（9）調査研究費
２．(材、労、外、経)等は材料費、労務費、及経費の要素により構成されることを示す。
３．[　　]は稀に起るべき費目にして、本書には記載せず。

原 価 計 算 方 式 図

　　　（科　　目）　　　（細　　目）

―(1) 土　工　事　費 ── 各細目工事費
　　　（材、労、外、経）　（材、労、外、経）

―(2) 橋　梁　工　事　費 ── 各細目工事費
　　　（材、労、外、経）　（材、労、外、経）

―(3) 隧　道　工　事　費 ── 各細目工事費
　　　（材、労、外、経）　（材、労、外、経）

―(4) 軌　道　工　事　費 ── 各細目工事費
　　　（材、労、外、経）　（材、労、外、経）

―(5) 停　車　場　工　事　費 ── 各細目工事費
　　　（材、労、外、経）　（材、労、外、経）

―Ⅰ　特別災害補償費
　　　（経）

―Ⅱ　特　別　補　償　料
　　　（材、労、外、経）

―Ⅲ　特　別　経　費
　　　（材、労、外、経）

(10)　物品保管費
(11)　整理清掃費
(12)　運搬費

17

るが、終戦後土建の暴利が屡々問題となって原価計算制度の確立が各方面から要望された結果、物価庁がこの問題をとり上げ、昭和23年3月非公式ではあるが官民双方の委員による最初の打合会が開かれてから、屡々会合を重ね、同年八月に一応の結論に達することができた。建設工業経営研究会等で、印刷配布されたものはこの時の成果である。これと同時に原価計算表と附属書類と記載基準案も研究が進められ、経営研究会及官民合同の打合会を経て、翌昭和23年2月成案を見た。

又原価計算の裏付となる契約書としても、明瞭な且つ統一的なものが必要であったので、官庁工事請負標準契約書案の作成打合が、昭和22年7月から開始され、翌23年3月に成案を得た（資料－3）

然し要綱案については、その後種々の情勢の変化があり、細目に於て、相当研究余地があるものも少くなかったので修正が重ねられ、また昭和22年法律第171号との調整も試みられて、かなり時期は延引したが、漸くこの11月関係方面の了解も得られたので、こゝに要綱案として発表の運びとなったものである。

本原価計算要綱案は何分それが日本で最初の試みであり、土建の企業形態も、漸次変革されつゝある過程にあるので、これらの現実面に即応する様配意されているが、不合理な妥協は避け、一面理論上の啓蒙的な効果をも併せてねらっている。

本要綱の特色としては他の製造工業等の要綱と異り、要素別計算のみで部門別・製品別計算等の段階の規定がないことはその性質上当然であるが、又土建工事が個別的で而も一回限りである点を考慮して、特に附加利潤の項を設けており、現在の下請制度を反映して材・労・経の3要素と並んで外注費を掲げている。即ち主として現在の土建工事の一般的形態を対象としているので、工場製産住宅の様な特殊な作業組織のものは、別に考えなければならない。

本要綱案は言うまでもなく法的拘束力を持つものではないから、これを以て一般に強制する趣旨でもなく、又これによって価額を統制する意図がある

わけでもない。

　この要綱案にはなお理論的に研究を要する点もあり、建設工業の経営形態の進歩変遷によって修正すべき点も生ずると考えられるが、これらは、此度設定された官民双方よりなる建設工業原価計算調査委員会の今後の研究にまつことゝしたい。

　なお、本要綱案に付随して発表された官庁工事標準契約書案は先に述べた様に原価計算要綱案の裏付としてその趣旨を一層明確にするために作製されたもので、現在行われている一般の契約書と本要綱案との間に生ずる矛盾或は疑義の解決に資せんとするものである。

　ここで記録によっていささかこの間の事情を補足すると、法律第171号以前に同じような目的をもって「政府ノ契約ノ特例ニ関スル法律（昭和21年12月28日法律第60号）」が公布されている。その趣旨は要するに、一切を政府の判断に委せよということである。

政府ノ契約ノ特例ニ関スル法律

　　　　　　　　　　　　　　（昭和21年12月28日法律第60号）

第1条　政府ヲ当事者トスル契約デ勅令デ定メルモノ（以下特定契約トイウ。）デ、政府ノ支払金額ノ確定シテイナイモノニツイテ、命令ノ定メル期限内ニ、政府ガ適正ト認メル支払金額ヲ指定シタトキハ、ソノ指定金額ヲ以テ確定支払金額トスル。支払金額ノ一部ガ確定シテイナイ場合ニオイテ、ソノ確定シテイナイ部分ニツイテモ、マタ同様トスル。

2　前項ノ規定ニヨル支払金額ノ指定ハ、相手方ニ対スル通知ヲ以テコレヲナス。

3　特定契約ノ相手方ハ、特定契約ニ係ル政府ノ支払金額ニ関シテハ、第1項ニ規定スル期限内ハ、通常裁判所ニ出訴スルコトガデキナイ。前項ノ規定ニヨル支払金額ノ通知ガアッタ場合ニオイテハ、第2条第3項ノ規定ニヨル通知ヲ受ケルマデモ、マタ同様トスル。

第2条　前条ノ規定ニヨル指定金額ニ不服ノアル相手方ハ、命令ノ定メルト

コロニヨリ、政府ニ対シテ指定金額ノ改定ヲ申請スルコトガデキル。
2 　前項ノ規定ニヨル申請ノアッタトキハ、政府ハ、特定契約委員会ニ諮問シテ、コレヲ決定スル。
3 　前項ノ決定ヲシタトキハ、政府ハ、直チニ、相手方ニ対シテコレヲ通知スル。
4 　特定契約委員会ニ関スル規程ハ勅令デコレヲ定メル。
第3条　前条第2項ノ規定ニヨル政府ノ決定ニ不服アル相手方ハ、同条第3項ノ通知ヲ受ケタ日カラ3箇月以内ニ通常裁判所ニ出訴スルコトガ出来ル。
第4条　特定契約ノ相手方ハ、命令ノ定メルトコロニヨリ、特別ノ帳簿ヲ備エ、コレニ特定契約ノ履行ニ関スル金銭、物品ノ出納ソノ他必要ナ事項ヲ記載シテ置カナケレバナラナイ。
第5条　政府ハ、特定契約ニツイテ、調査ノタメ必要ガアルトキハ、当該官吏ヲシテ、特定契約ノ相手方若シクハ下請人ソノ他特定契約ニ関連シテ特定契約ノ相手方ト取引ヲシタ者（下請人ノ下請人ソノ他コレニ準ズル者ヲ含ム。）ニ対シテ質問シ、報告ヲ徴シ、コレラノ者ノ営業所、作業場若シクハソノ他ノ場所ニ臨検シ、帳簿書類ソノ他ノ物件ヲ検査シ、又ハ参考人ニツイテ質問サセルコトガ出来ル。
2 　政府ハ必要ガアルトキハ、命令ノ定メルトコロニヨリ、都道府県ノ吏員ヲシテ、前項ノ事務ニ従事サセルコトガ出来ル。
第6条　左ノ場合ニオイテハ、特定契約ノ相手方又ハ特定契約ノ相手方ト取引ヲシタ者（下請人ノ下請人ソノ他コレニ準ズル者ヲ含ム。）ハ、コレヲ1年以下ノ懲役又ハ1万円以下ノ罰金ニ処スル。
　一　前条ノ規定ニヨル質問ニ対シ、答弁ヲシナイトキ又ハ虚偽ノ答弁ヲシタトキ
　二　前条ノ規定ニヨル報告ヲ怠リ又ハ虚偽ノ報告ヲシタトキ
　三　前条ノ規定ニヨル検査ヲ拒ミ、妨ゲ又ハ忌避シタトキ
　四　前条ノ帳簿書類デ虚偽ノ記載ヲシタモノヲ提示シタトキ
第7条　法人ノ代表者又ハ法人若シクハ人ノ代理人、使用人ソノ他ノ従業者

ガ、ソノ法人又ハ人ノ業務ニ関シテ前条第1号、第2号、又ハ第4号ノ違反行為ヲシタトキハ、行為者ヲ罰スル外、ソノ法人又ハ人ニ対シテモ、同条ノ罰金刑を科スル。

付　　則

コノ法律施行ノ期日ハ、各規程ニツキ、勅令デコレヲ定メル。

第1条ノ規定ハ同条ノ規定施行ノ際現ニ政府ノ支払金額ニ関シ訴訟ガ裁判所ニカカッテイル特定契約ニツイテハ、コレヲ適用シナイ。

第4条ノ規定ハ、同条ノ規定施行ノ際現ニ存スル特定契約ニツイテハ、コレヲ適用シナイ。

この頃建設業界では、「日本建設工業統制組合」が商工組合法の廃止により、22年2月1日解散、新しい団体として3月1日「日本建設工業会」が発足するなど混乱の時期であったが、「特定契約工事に関する帳簿書類案」として次のような記録がある。

特定契約工事に関する帳簿書類案

　　昭和22年12月3日　　　　　　　日本建設工業会　経営研究会

本案は昭和22年勅令第11号第4条

　「法第4条の規定により特定契約の相手方は、大蔵大臣の定めるところにより、左に掲げる帳簿書類を備えなければならない。

1. 契約1件ごとの原価を明らかにする帳簿書類
2. 事業上の試算及び負債の内容及び損益の計算を明らかにする帳簿書類」

に基づく帳簿書類の様式及び記入の方法に関して大蔵省と建設工業会との間に打合せをしたものである。

　しかし諸種の都合上未だ公布に至らず、大蔵省としては、この程度の帳簿書類は、特定契約工事として是非備え付けておくことが望ましいと言うことである。勿論示された目的に合った帳簿書類であれば、必ずしも同一の様式である必要はないし、又この様式は最小限度と考えられるものである。

　本案は別に物価庁にて立案中の「建設工業原価計算要綱」に基づく帳簿書

類との間に矛盾を来さない様に考慮されている筈である。即原価計算要綱に基づく経理事務処理の体系は、工業会において別に立案中であるが、本案はその体系の中に包含されるものである。

　自第1号書式至第8号書式は現場関係、自第9号書式至第11号書式は本社関係の帳簿書類の様式である。

　（以下各号書式の名称のみ掲げる。）

　　第1号書式　×××工事（作業）予実算対照表
　　第2号書式　×××工事（作業）予実算計算簿
　　第3号書式　材料、労務、外註契約簿
　　第4号書式　×××工事（作業）費支払簿（契約分）
　　第5号書式　×××工事（作業）費支払簿（小口分）
　　第6号書式　×××工事（作業）経費支払簿
　　第7号書式　一般管理費配賦明細書
　　第8号書式　主要材料受払簿
　　第9号書式　特例契約工事（作業）総勘定元帳
　　第10号書式　特例契約工事（作業）損益元帳
　　第11号書式　×××工事（作業）勘定内訳明細書

Ⅲ 法律第171号の施行

　原価計算要綱が物価庁の主導で作成されつゝあった昭和 21〜23 年は、図－1「東京木造住宅建築費指数」に明らかなように、戦後の猛烈なインフレーションの時代であって、殆んどすべての物資、製品の㊣と言われた統制価格が定められ、生活必需品はその上に配給切符がなければ入手できない建前として、物資の流通を確保するとともにインフレーションを防止しようとする努力が払われていた。

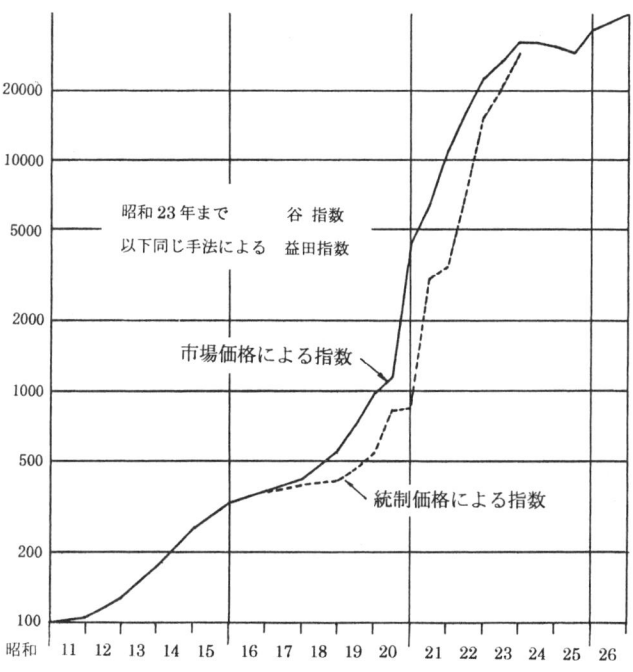

　　　　図－1　東京都木造建築費指数（昭和 10 年＝100）

建設工業原価計算要綱の作成は、多種多様な用途の一品生産を原則とする[建設物]について統制価格を定めることはできないので、せめて原価計算の面から効果的な方法を見出したいとしたのであろうが、原価計算要綱の理解と普及が精一杯であった。この状勢にしびれを切らしてＧＨＱは「政府経費の削減に関する覚書（昭和22年9月12日：資料－4）をもって政府にせまり、「政府に対する不正手段による支払請求の防止等に関する法律（法律171号と通称された。：資料－5）という、名称からも威圧的な法律が昭和22年12月13日施行された。この法律の国会上程に際して、「政府の公価厳守に関する措置について（資料－6）」という当時の片山首相の談話が発表されている。

　法律の趣旨は、政府及び進駐軍関係工事、物品納入その他についての一切の支払は㋕すなわち統制価格によること、中間搾取を排除すること等を主眼としたものであって、請負契約の概念を破る画期的な措置である。すなわちこの法律の工事請負契約に対する適用方法はおよそつぎのとおりである。

（ⅰ）　適用の範囲は連合軍の要求による当時の特別調達庁発注工事のみならず、中央・地方の公共機関、公団等の発注工事すべてに及ぶ。
（ⅱ）　受注者は契約成立後30日以内に、材料・労務・諸役務の区分によって詳細な見積内訳書を発注者に提出する。
（ⅲ）　契約履行後30日以内に見積内訳書と同様の区分により、統制額がある材料又は諸役務についてはその統制額を超えない額と実際数量とにより、労務については労働省の定める一般職種別賃金（Prevailing Wages for comparable employment in the locality、その地方における類似の雇用に対する一般的な賃金）を超えない額と実際数量により計算した支払請

求内訳書を提出する。
（ⅳ）材料費、労務費、諸役務費の合計額において、支払請求内訳額が見積額より少なかったときは、その差額の支払は受けられない。
（ⅴ）この法律は、材料費、労務費、諸役務費以外の諸経費、一般管理費及び利潤については適用されない。

　しかし、読み返して見ると先に述べた「建設工業原価計算要綱に基づく原価計算表及び附属書類記載基準」と相通ずるところがあるので、色々検討の結果、物価庁第5部不動産課名をもって「法律第171号が適用される建設工事の原価計算要綱」（資料－7）として「外注費」を「諸役務費」と改めるなどの読み替え通達を出して貰い"原価計算要綱による原価計算表及びその附属書類"において材料費、諸役務費の評価については㋰、労務費の評価についてはP.W.によれば、法律第171号に言う見積内訳書又は支払請求内訳書を作成することができる"建前となった。しかし実際には計算上の作文であったので、発注者、受注者ともに甚しく手間がかかって困ったのが実情であった（資料－8）。

　ところで、物価統制令により物価は統制されていたが、賃金類の統制は行われなかったのに、土木建築業と貨物運送業については、労働省告示に示されたP.W.（資料－9）を通じて間接的な統制となったのが実情であった。土木建築業のP.W.は大工、左官、鳶工、石工、土工、人夫(A)、人夫(B)、板金工、瓦葺工、配管工、塗装工、造園工の12職種について北海道、東北北陸、関東甲信、京浜、東海、近畿、京阪神、山陰中国、四国、福岡、その他九州の11地方ごとに定められたが、例えば「名古屋市に対する額は東海地方及び京浜地方に対する額の和半とする」などの規定が4項あるので、適

用地域を定めるのに面倒であるのと、P.W.は普通程度の技能、経験又は能率を有する労働者に対する額であるとし、普通程度より低い労働者は75%まで下げることができ、普通程度より高い労働者は125%まで上げることができることとし、更に時間外又は休日手当25%～50%の割増、重量物、危険作業、その他深夜作業などの30%内の特殊作業手当、役付手当30%以内、その他の諸手当は別に支給できることとなっているなど実際の適用は作文するために非常に面倒であった。これについて当時の労働省給与課長金子美雄は筆者の友人であったので、事情を説明して告示本文につぎの規定を挿入して貰った。

> 「5. 単位生産量又は単位労働量に対する請負単価は第1号の日額を1日の標準生産量又は標準作業量で除して得た商である。」

標準生産量、標準作業量については規定がないが、一般職種別賃金に関する労働次官通達（昭和22年12月27日、労働省発基第72号）のうち、3. 労働省告示の説明において、

> 「(2) 同告示5による一般請負単価を用いて実際に支給される賃金は、その全額が一般職種別賃金に該当するものであって、この場合最高額の制限はない。」

とあるので、この一般請負単価方式によれば少なくとも労務費についての計算は簡単になる筈である。しかし、これが有効に利用されたかどうかについては明らかでない。

とにかく会計法上の請負契約について、アメリカ的原価計算方式により材料費、労務費、諸経費ごとに㊞又はP.W.に基づく支払請求内訳書の作成提出を義務づけ、この3要素の計について、同じく

提出を義務づけられた見積内訳書の額より多いときは請負であるからという理由で支払われず、支払請求内訳書の額が小さいときの見積内訳書の額との差額は見積内訳書の額が不当であったものとして支払われないというのが法律第171号の趣旨であり、このため官民ともに内訳書の作成に追いまくられていた。

　経営研究会では、建設工事関係のⓈを取りまとめて便に供しようと、昭和23年3月、「加除式建設業関係統制価額要覧」を刊行、追録としてNO.5まで発行した。その際当局から寄せられた序文にこの間の事情が述べられている。

　　物価統制をしなければならぬという已むを得ない経済事情から来ていることではあるが、また統制をする以上部分統制では効果がうすいという関係からでもあるが、万を以て数えるⓈが存在するということは厄介な話で、正確なⓈを知るための努力はそれだけコストの相当の負担になっている。Ⓢが固定的なものなら1回の蒐集整理で片付くが、生憎絶えず改定があり、しかも品目によって改定の時期がまちまちであるから、関係者はいつも神経を張っていなければならない。各方面からの御照会が物価庁に絶え間のない状況から見ても、その努力は御察しするにあまりあり、各庁で個々独立に整理する努力と費用は集計すれば莫大なものになるだろう。公定価格綜覧のように綜合的なものが発行されてはいるが、何分大部なものではあり、検索に骨も折れようし、公式的なものであるから専門的な分野で扱うに理解し難い点もあろう。従って建設工業関係の統制集成をつくるということはかねての懸案であり、私どももその責任を感じていたのであるが、今回建設工業経営研究会のご努力によって本要覧が生れたことは、その意味で洵に慶賀に堪えない次第であるし、業界はじめ関係各方面に貢献することはかり知れない大きなものがあると思う。そして本要覧は土建工事の特質に従って整理されているから検索に極めて便利であり、統制額に規定された単位以外の単位を使う場合の換算表まで附加される等、行届いた配慮が盛られている。本要覧が成立つまでのご努力も大変なものであったろうが、これからの増補改訂もなま易し

いことではない。経営研究会の益田重華氏はじめ関係各位のご努力を多とするとともに、今後の一層の御成果を切に祈る次第である。

物価庁不動産課長　　谷　　重雄

　このように経営研究会としては「建設工業原価計算要綱に基づく附属書類記載基準」と「法律第171号」の「見積内訳書又は支払請求内訳書」とを統合する形で書式をまとめるとともに、「建設工業関係統制価額等要覧」を刊行して事務的処理の便宜に供する一方、「法律第171号に対する意見（資料－10）」を発表、競争入札制度のもとにおける法律第171号の矛盾を指摘してその廃止を主張した。

　かくて昭和24年4月30日「法律第171号の一部を改正する法律（資料－11）が成立、施行され、同時に予決令第86条、第86条の2及び第86条の3について所要の改正が行われた。要するに「原価計算要綱」という文言はないが、前記経営研究会の意見のとおり、㊖及びP.W.に基づいて作成された予定価格を統制価格に準ずるものと見做し、競争により契約された物又は役務について法律第171号に基づく見積内訳書（第9条第2項中「第1号及び第2号」）、支払請求内訳書（第1条第1項）を提出する要はないとされ、受注者としては法律第171号に患わされることがなくなったことになる。これで受注者は手間が省けるが、発注者は予定価格の作成に際して、㊖及びP.W.によらなければならないこととなった。

　それから約1年インフレーションも一応おさまり、昭和25年5月20日法律第190号によって法律第171号は廃止されたが、P.W.関係は「国等を相手方とする契約における条項のうち労働条件に係るものを定めることを目的とする法律が制定施行される日の前日まで、なお効力を有する」こととされた（資料－12・13）。

その後「国等を相手方とする契約における労働条項等に関する法律案」「公契約法案」などの試案がいくつか提出されたが、予定価格を上限とし、競争入札による請負契約を原則とする会計法の下でGHQの希望する法律はできなかった。ただP.W.に代るものとしては、23年11月の「日雇労務者賃金調査」として発表し、21年11月以降「指定統計第53号」として引き継がれ現在に至っている「屋外労働者職種別賃金調査」があるので、これを利用することとされたし、38年3月12日P.W.廃止後の措置として大蔵、農林、運輸、建設、労働の各事務次官によって確認された「公共工事積算労務単価（5省協定単価）の決定について」次のような要旨の覚書がある。

(1)　公共事業の設計等に必要な労務単価の基準額は、公共事業関係各省の協議により定めるものとし、労働省はこの関係各省に対し必要な賃金関係資料の提供その他の協力を行うものとする。
(2)　前項の基準額の算出においては、労働省の行う「屋外労働者職種別賃金調査」の結果について合理的に必要とされる統計処理を行うとともに、その結果についても当該調査の時点とこの基準額の決定時点との間に生じた賃銀水準の変動（軽微な変動を除く）を考慮するものとする。
　　（注）この「軽微な変動」とは5％未満のものとするよう了解されている。

　ついで、昭和46年度以降は、公共事業を所管する建設、農林、運輸の三省が協議して翌年度の公共事業にもちいる基準額を府県別、職種別に定めて年度開始前、公共事業各発注機関に通達されている。この基準額は、三省が公共事業に従事する建設労働者の賃金の実態を把握するため、全国的に調査をし、その結果に基づいて決められている。この調査は公共事業に従事する建設労働者の賃金を地域別及び職種別に調査し、その実態を明らかにすることを目的とするも

のであり、50年度から、従来の年1回の本調査（毎年9月16日から10月15日までの期間についてのもの）に限らず、年度中必要に応じ任意の1カ月についても調査を行い、調査回数を増すことによって、賃金の実態をより迅速かつ正確に把握することとなった。このため、建設現場備付けの統一様式による賃金台帳の記録に基づいて、その写しを提出する方法によることとされた。

　もっとも建築工事については後述のように官民の打合せにより「工事費内訳明細書標準書式」を定め、そのなかでは労務賃金を直接記載することは少なく"単位生産量又は単位労働量に対する請負単価"［P.W.告示5 労働次官通達（昭和22年12月27日）労働省発基第27号 前出P26参照］すなわち複合単価によっているので、少なくとも受注者側にとって「三省協定労務賃金」の影響は少ないと思われる。

（付）　職業安定法の施行

　労働に関する問題としては、法律第171号に直接関係はないが、職業安定法（昭和22年11月30日公布）第5条による職業紹介と建設の下請負との関係がある。大工、土工、鳶業の下請契約は職業安定法違反であるとするＧＨＱの強い見解が、所謂コレット旋風を巻き起こした。

　　職業安定法施行規則
（法第5条に関する事項）
第4条　労働者を提供しこれを他人に使用させる者は、たとえその契約の形式が請負契約であっても、次の各号のすべてに該当する場合を除き、法第5条第6項の規定による労働者供給の事業を行う者とする。
　一　作業の完成について事業主としての財政上及び法律上のすべての責任を負うものであること。
　二　作業に従事する労働者を、指揮監督するものであること。
　三　作業に従事する労働者に対し、使用者として法律に規定されたすべての義務を負うものであること。
　四　自ら提供する機械、設備、器材（業務上必要なる簡易な工具を除く。）若しくはその作業に必要な材料、資材を使用し又は企画若しくは専門的な技術若しくは専門的な経験を必要とする作業を行うものであって、単に肉体的な労働力を提供するものでないこと。
2　前項の各号のすべてに該当する場合であっても、それが法第44条の規定に違反することを免かれるため故意に偽装されたものであって、その事業の真の目的が労働力の供給にあるときは、法第5条第6項の規定による労働者供

給の事業を行う者であることを免かれることができない。
3　第1項の労働者を提供する者とは、それが使用者、個人、団体、法人又はその他如何なる名称形式であるとを問わない。
4　第1項の労働者の提供を受けてこれを使用する者とは、個人、団体、法人、政府機関又はその他如何なる名称形式であるとを問わない。

　アメリカのように各職種別或は職能別の労働組合が組合の責任において施工する体制のないわが国に、これを強行させようとするGHQは、ピンハネ、労働の搾取の面だけから一般の労務請負と見られる下請を禁止しようとしたのであるが、戦後アメリカ的民主主義の一つとしてにわかに結成されたわが国の労働組合は、殆んど企業別組合であるので、職業安定所を設置し、建設業の各職種の職業紹介に当らせようとしたが、計画どおりには機能しなかった。よって建設業者は所謂名義人、親方又は世話役などを直接雇用し、実際にはこの直接雇用している者に請負わせるような方法―これを擬装直傭と言った―によって当面を糊塗しようとしたり、その対策に苦慮した。この問題に対して経営研究会は、資料－14のように合法的な下請としての認定基準案を作成、全国建設業協会を通じて労働省当局の理解を求めた。業界各団体でもそれぞれ運動した結果、労働省から「建設工事請負業に対する職業安定法施行規則第4条の適用に関する取扱要項」が出されたが、その冒頭に次のように述べている。

　多種工業又はサービス業に比して建設工事請負業が著しい特殊性を有する点に鑑み規則第4条は次の要項に従い適用することとする。
　本要項の実施に当っては、関係各地方庁は各工事場の個々の実態につき慎重

に調査する外、必要に応じ本省の裁定を受けるものとし、かくして決定した取扱方は判例として関係官庁に発表する。

また、最も問題となったのは、施行規則第4条1項4号であるが、これについて「専門的な企画技術」とは、"経験と技能とを有する請負業者が自己の責任をもって次の各項を総合して管理する事務をいう"とし、上記基準案に別表を付して業界の意向に応えている。

　(編者注)コレット旋風とは：── コレットはGHQの担当官の名前である。
　労働の民主化は、戦後米国の対日政策の重要な柱であったが、その中でもとくに、業として他人の就業に介入して利益を得る行為を、いわゆる中間搾取と見なして厳しく取り締まった。下請名義人・親方・世話役を通して調達する建設工事の基幹的労働力の供給形態がこれに当るというのが、GHQの労働関係課の判断であった。つまり労働力はすべて、元請が、職安若しくは労働組合を通して直接に雇用しなければならないとしたわけである。
　本文の説明にある通り、実態がにわかにこれに対応できず、擬装直傭など種々の形式上の辻褄合せで当面を凌ごうとしたのであるが、コレットは精力的に全国各地の現場を見回って厳しい違反摘発を行ったため、各現場は対策に狂奔する状態に陥った。これを当時コレット旋風と称したのである。

Ⅳ. 建設工業経営研究会の誕生

昭和 21 年 3 月 3 日　　物価統制令
　　　　12 月 28 日　　政府の契約の特例に関する法律（法律第 60 号）
　　22 年 2 月 1 日　　日本建設工業統制組合解散（商工組合法廃止による）
　　　　 3 月 1 日　　日本建設工業会発足
　　　　 8 月 8 日　　建設工業原価計算要綱案発表
　　　　12 月 13 日　　政府に対する不正手段による支払請求の防止等に関する法律（法律第 171 号）
　　23 年 12 月 13 日　　日本建設工業会解散（閉鎖機関に指定）

　年表を摘出して見ると以上のように、物価統制令、法律第 60 号、原価計算要綱、法律第 171 号と一連の関係を持った法律等への対応は、業界団体が統制組合、工業会と変ってもその内部機関としての経理事務研究会、後に経営研究会が当ってきた。しかし、日本建設工業会が閉鎖機関に指定されるに際し、建設工業原価計算要綱、請負契約書、建設業会計など調査研究を主眼とする独立団体を創設する機運が起ってきたので、次のような「建設工業経営研究会設立趣意書」により、関係各社に図り、全国団体としての全国建設業協会が昭和 23 年 3 月 16 日発足するのを待って、昭和 23 年 4 月 20 日、日本建築学会講堂において創立総会を開き、「建設工業経営研究会」と称する独立した調査、研究機関として正式に発足した。

建設工業経営研究会設立趣意書

　進駐軍関係の工事も一段落して建設工業界にも深刻な情勢がひしひしと迫りつつあります。戦災復興にに対する政府の政策は一向に活発な動きを見せず、一般建設も亦一頓挫の状態であります。この未曾有の危機に処し、一貫した対策を樹立しなければならない秋、日本建設工業会が閉鎖機関に指定せられたのであります。然し乍ら従来同会の傘下に在った経営研究会は其の中心を失いながらも今日迄で其の使命に向って邁進して参ったのでありますが、同協会は現下の情勢上所謂会員相互の親睦乃至其の連絡機関として其の使命達成に専念することとなると思われます。

　然るに業界は近時法律第171号実施の問題を始め建設工業原価計算並に官庁請負工事契約準則、土建業法の制定に関する問題等、経営上幾多の難問題が山積している現状に於て業界が之等諸問題の研究、調査、対策の機会を減殺することは多大なる支障且つ不便を招来する次第であって寔に憂慮に不堪ものがあります。

　就ては業界有志のご協力に依りまして経営の円滑なる運営を図り将来最も困難なる斯業の発展に資する為に寧ろ全国建設業協会の傘下に於ける研究機関として衆知を集めて研究を続けて行きたいと存じます。殊に法律第171号の実施に於ける見積様式と将に物価庁の告示に見んとする建設工業原価計算要綱並に官庁請負工事契約準則との関連について之が対策処理を要する問題は特に技術と経理と渾然一体となって困難なる斯業の現状に対処する必要が目前に迫りつつあります。

　そこで従来の経理及建設工業原価計算の研究に関係を有せられました各社を中心として更に宏く業界に呼びかけ会員組織に依り名実共に建設工業経営研究会を設立して左の如き事業を行い業界の発展に寄与致し度いと存じます。

　取り敢えず本会の事業の概要を左記の通り列記して置きましたから、ご高覧の上是非御賛同を賜り度く御願い申し上ます。

本 会 の 事 業

一、 建設工業原価計算要綱に基づく運営の経理的研究
二、 建設工業資材及び労務の歩掛其の他の技術的研究
三、 前2項に関する普及及び関係各庁又は団体との連絡
四、 法律第171号の実施に関する対策研究
五、 建設工業資材公定価格表の整理作成
六、 税法に関する研究
七、 建設工業関係諸法規の研究及解説並に整理
八、 建設工業資材の規格重量表其の他の作成
九、 経営に関する対策研究
十、 会員相互の連絡
十一 其の他本会の目的を達成する為に必要な事業

建設工業経営研究会会則

昭和23年5月20日制定

第1章 総則

第1条 本会は会員相互の連絡を図り建設工業の経営に関する調査研究を遂げ以って事業経営の遠隔な運営に資することを目的とする

第2条 本会は建設工業経営研究会と称し事務所を東京都中央区築地3の8に置く

第3条 本会は会則に定めるものの外事業の執行、委員の選挙、会計其の他に関し必要な事項は常任委員会の議を経て会長が之を定める

第4条 本会は建設工業綜合工事業者を以て組織する
　前項に該当するものは何時でも入会又は退会することが出来る
　前2項の入会又は退会に関する手続きは別に之を定める

第2章　　事　業
第5条　本会は第1条の目的を達する為左に掲げる事業を行う
　一、建設工業原価計算要綱に基づく運営の経理的並に技術的研究
　二、前項に関する普及び関係各庁又は団体との連絡
　三、建設工業関係諸法規及び其の資材公定価格表の整理
　四、建設工業資材の規格重量表其の他の作成
　五、税法其の他経営に関する研究
　六、会員相互の連絡
　七、其の他本会の目的を達成する為に必要な事業
　　　第3章　　役員及職員
第6条　本会に左の役員及び職員を置く
　　　会　　長　　　1名
　　　副会長　　　2名
　　　常任委員　　若干名
　　　職　　員　　　同右
第7条　本会の業務を遂行する役員は会員又は学識形契約なる経験ある者の中から之を選任する
　役員の選任は会員総数の半数以上出席し其の議決権の過半数を以って決する
第8条　会長は本会を代表し会務を総理する
　副会長は会長を補佐し会長事故又は欠員のときは其の職務を行う
　常任委員は会長を補佐し会長、副会長共に事故あるときは予め会長の定める順位により其の職務を行う
第9条　本会役員の任期は1年とする但し重任を妨げない
　補欠の選任せられた役員の任期は其の前任者の残任期間とする
第10条　本会に顧問、参与を置く
　顧問、参与は常任委員会の議を経て会長之を委嘱する
　顧問は重要事項に付会長の諮問に応じ参与は重要事務に参与する

第11条　本会の専門委員を置く

専門委員は会員及び学識経験あるものの中から会長之を委嘱する

専門委員は本会より委嘱を受けた事項に付調査研究を遂げ其の委嘱に応ずる

第12条　職員の任免は会長が之を行う

　　第4章　　会　　議

第13条　本会に総会、常任委員会、専門委員会を置く

総会に於ては左の事項を決議する

　一、会則の変更

　二、事業計画

　三、予算及び決算

　四、会費に関する事項

　五、役員の選任

　六、会員の除名

　七、其の他会長に於て附議することを必要と認めた事項

常任委員会は左の事項を決議する

　一、総会に附議すべき事項

　二、其の他会長に於て附議することを必要と認めた事項

専門委員会は左の事項を答申する

　一、会長より委嘱せられた事項の調査研究

　二、調査研究事項に関する関係官庁との連絡

　三、其の他会長に於て附議することを必要と認めた事項

前第1項及び第2項の決議はすべて出席者の課端数を以て決する

　　第5章　　会　　計

本会の事業年度は1年とし毎年4月1日に始り翌年3月31日に終る

第15条　会長は毎事業年度の終りに於て収支決算書を作成し常任委員会の監査を経て総会に提出する

第16条　本会は会員に対し入会金及び会費を徴収する

入会金及び会費の徴収に関する規程は別に之を定める
第 17 条　前条に定める入会金及び会費は会員の退会した場合と雖も其の理由の如何に関わらず返戻しない

建設工業経営研究会会員名簿

竹中工務店	大成建設	日産土木	佐藤工業	馬渕組
清水建設	石田組	西松組	飛島組	小林組
松村組	池田組	間組	葛和工業	
木田組	株木組	島藤建設	銭高組	
鹿島建設	戸田組	鉄道工業	藤田組	
大林組	鴻池組	川口組	児玉工業	

初代の会長以下の役員は次のとおりで、会員24社全員常任委員となった。

会　　　長	安藤　清太郎（安藤組社長）		
副 会 長	古茂田　甲午郎（全建事務局長）		
副 会 長	田辺　信（大林組常務）		
常任委員	大林組	清水建設	竹中工務店　鹿島建設
	松村組	大成建設	鴻池組　西松組
	藤田組	日産土木	鉄道工業　飛島組
	戸川興業	日本舗道	三建工業　間組
	熊谷組	勝村組	安藤組　島藤建設
	戸田組	藤田合資	池田組　銭高組
	郡山兼松	益田重華	岡島盛三

なお、6月4日第1回常任委員会において、つぎの各氏に本会顧問、参与を委嘱した。

顧　　問　　島田　藤　　　島藤建設社長

	銭高　正之	銭高組社長
	平井恭太郎	神戸経済大学教授
	酒井杏之助	帝国銀行常務
	三島　誠也	土木工業会局長
	塚田十一郎	衆議院議員
参　　与	長尾　熊一	長尾組社長
	小笹　徳蔵	清水建設常務
	森部　　隆	元建設工業会常任理事.
	原　信次郎	同　　上
	長谷川	帝銀本店

資料-1（本文P8）

昭和21年12月17日
日本建設工業統制組合制定

一式請負に依る工事契約書

一、工　事　名
一、工　事　場
一、工事代金　　金　　　　　　　円也
　　　但工事代金内訳書別紙の通
一、起　　工　　昭和　　　年　　月　　　日
一、竣　　功　　昭和　　　年　　月　　　日

　今般何某（以下乙と謂う）は何某（以下甲と謂う）の頭書工事を別紙図面及仕様書に基づいて頭書期間内に完成、甲に引渡し甲は乙に頭書の工事代金を支払うこととし当事者は本契約を締結する

〔内訳明細書、施工計画書、工程表〕
第1条　乙は甲から請求のあったときは工事内訳明細書、工事施工計画書又は工事工程表を甲に提出する

〔現場監督現場代理人〕
第2条　甲は工事施行監督の為め現場監督員を乙は工事施行に当らせる為現場代理人を置くことが出来る
　　現場監督員及現場代理人を置いたときは直に相互に通告する

〔施工委任〕
第3条　乙は本契約の履行に付工事の全部又は大部分を一括して第三者に委任又は請負わせることは出来ない但甲の承諾を得た場合は差支ない
　　　当事者は相手方の承諾を得なければ第三者に自己の地位を承継させること

は出来ない

〔目的物引渡〕
第4条　工事が完成したときは乙は甲の検査を受けて之を甲に引渡す、甲は此の場合直に之を受取らねばならない

　甲が其都合に依つて既に完成した契約目的物の一部を使用するときは其都度前項と同様の処置が執られねばならない

〔完成前の使用〕
第5条　甲は其の都合に依つて工事の完成前に契約の目的物を使用し又は之に設備工事を施すことが出来る

　前項に依つて契約目的物を使用するときは其部分に対する保管の責任は甲に移転する

〔工事の変更中止及臨機の処置〕
第6条　甲は其都合に因つて工事の一部の設計及施工方法を変更し又は工事の全部若は一部の施行を中止し或は其施行上臨機の処置を乙に要求することが出来る

　前項の場合に乙が特に要した費用又は損害に付ては甲之を補償し其の額は甲乙協議の上定める

〔竣功期限の変更〕
第7条　竣工期限は左の場合に甲乙協議の上之を変更することが出来る
　一、第6条に依つて工事の変更及中止並に臨機の処置が為されたとき
　二、支給材料又は貸与品の交附が所定の期日を遅延したとき
　三、天災、地変、戦乱、暴動、労働争議、法令の改廃其他予期せられない事由に因つて工程に影響を来したとき
　四、第12条に依る中止工事を再着手するとき

〔竣功延期〕
第8条　乙は正当の事由に依つて竣功期限内に工事を竣功することが出来ない

場合には甲に竣功期限の延期を請求することが出来る、此の場合の延期日数については甲乙協議の上之を決定する

〔危険負担〕

第9条　本契約の履行に当って乙が蒙った損害の中天災、地変、戦乱、暴動、労働争議、法令の改廃其他不可抗力又は乙の責に帰することの出来ない事由によるものは総て甲が之を負担する

〔工事代金の更改〕

第10条　頭書記載の工事代金は左の場合に甲乙協議の上之を増減する
　一、天災、地変、戦乱、暴動、労働争議、法令の改廃其他特殊の事情に因って経済界に変動を来し或は地方的特異の事情に因って物価労銀に著しい騰落を来したとき
　二、地質、漏水等予期し得ない実情の為め工事実費に著しい影響を及ぼすことと成ったとき
　三、工事既済部分、工事用材料、諸設備、諸機械等が天災、地変、暴動、労働争議、法令の改廃其他不可抗力と認められる事実等に基因して損害を蒙ったとき
　四、支給材料、貸与品等の交付、配給の遅滞、工事中止、設計変更其他乙の責に帰することの出来ない事由に因って工事代金に著しい影響を及ぼすと認められるとき
　五、設計変更及支給品種の改廃等に因って施行数量其他に異動を生じたとき
　六、工事施行の結果によって工事数量に著しい異動を生じたとき

〔工事代金の支払〕

第11条　工事代金は工事全部受渡の上支払う但全部受渡前であっても乙は毎月1回前月中の工事出来高に相当する工事代金を其月5日迄に甲に請求する事が出来る

　甲は前項但書の工事代金を其月10日迄に支払う

〔支払催告と之に伴う工事中止〕
第12条　前条但書による工事代金の支払時期が経過した後乙が相当の期間を定めて催告するも甲が支払をしないときは乙は其支払ある迄工事を中止することが出来る

　〔所有権の移転〕
第13条　甲が工事代金の一部を支払ったときは其費額に相当するものの所有権は甲に移転する但工事完成の上引渡を了する迄は乙は善良なる管理者の注意を以つて之を保管する責に任ずる

　〔前渡金〕
第14条　甲は乙の申出に依って乙に前渡金を交付することが出来る、前渡金交付の時期、金額、精算の方法等は甲乙協議の上で決定する

　〔資材労務獲得の協力〕
第15条　工事施行に必要な資材労務及労務者用物資等の獲得上必要な第三者への手続其他で相手方の協力を要するものについて甲又は乙から相手方に協力を求めたときは相手方は直に之に応じなければならない

　〔支給材料貸与品〕
第16条　工事施行に必要な物件中別冊支給材料明細書に記載せられているものは甲から乙に之を支給し、別冊貸与品明細書に記載せられているものは甲から乙に之を貸与する
　　前項の支給及貸与の条件は当該明細書に記載してあるところに拠る、乙の故意又は重大な過失に因って本条の物品が滅失又は毀損せられた場合には乙は甲の指示に従つて之を修理するか、代品を納めるか、又は時価に依つて弁償せねばならぬ
　　本条の物品の使用条上生じた損害は乙の負担とする

　〔支給貸与条件の違背〕
第17条　甲が前条の支給や貸与の条件に違背した為めに乙が損害を蒙ったと

きは其損害は甲が補償する

〔不用支給材料の処置〕
第18条　支給材料で指定の用途に不向のもの又は残品等の処置に就ては甲の指図に従う

〔材料検査と試験〕
第19条　仕様書に乙が調達する材料の検査や試験に関することが定められているものは総て甲の指図に従つて之をする

〔損害保険〕
第20条　乙は甲と協議の上契約の目的物、現場持込資材、支給材料及貸与品等に付て損害保険契約を締結することが出来る
　　　前項の場合の保険金受取人、保険証券保管人は甲とし保険料は乙が負担する

〔甲の原因による解約〕
第21条　甲は其都合によつて契約を解除することが出来る
　　　前項の場合には第6条第2項の規定を準用する

〔乙の原因による解約〕
第22条　乙が左の各号の一に該当する場合には甲は本契約を解除することが出来る
　一、乙が正当の理由なく本契約の解除を申出たとき
　二、乙が工事を放棄して本契約の目的を達することが出来ぬと認められるとき
　三、乙が破産の宣告を受けたとき
　四、乙が無能力者と成ったとき

〔甲乙何れにも原因なき解約〕
第23条　天災、地変、戦乱、暴動、労働争議、法令の改廃其他不可抗力等の為

めに契約履行に影響を来した場合には甲乙協議の本契約を解除することが出来る

〔乙の解約権〕
第24条　乙は左の場合に本契約を解除することが出来る
　一、乙に正当の理由あるとき
　二、第12条による中止期間が30日以上に及んだとき

〔死亡解散〕
第25条　甲又は乙が死亡又は解散して其継承人から本契約の履行を申出たときは継承人が不適当と認められない限り之を承諾せねばならない

〔瑕疵担保〕
第26条　本工時の瑕疵に付ては乙は引渡後壱箇年間担保の責に任ずる

〔仲裁〕
第27条　本契約の履行上甲と乙との間に協議の整わぬものは仲裁人の判定に従わねばならない
　　仲裁人は3名とし、甲乙協議の上1名を、甲乙各が随意に1名を選定する
　　仲裁人の判断は多数決に依り、此の判定は最終のものとする
　　仲裁人の報酬其他仲裁についての一切の費用は甲と乙とが各々2分の1を負担する

本契約締結の証として本書弐通を作成し甲と乙とは其壱通を保有する
　　昭和　　　年　　　月　　　日
　　　　　　　　　　　　甲
　　　　　　　　　　　　乙

実費精算に依る工事契約書

一、工　事　名
一、工　事　場
一、工事代金　　工事実費全額とする
一、報　　酬　　工事実費の百分の　とする
一、起　　工　　昭和　　　年　　　月　　　日迄
一、竣　　功　　昭和　　　年　　　月　　　日迄

　今般何某（以下乙と謂う）は何某（以下甲と謂う）の頭書工事を別紙図面及仕様書に基づいて頭書期間内に完成、甲に引渡し甲は乙に頭書の工事代金並に報酬を支払うこととし当事者は本契約を締結する

〔内訳明細書、施工計画書、工程表〕
第1条　乙は甲から請求のあったときは工事内訳明細書、工事施行計画書又は工事工程表を甲に提出する

〔現場監督、現場代理人〕
第2条　甲は工事施行監督の為め現場監督員を乙は工事施行に当らせる為現場代理人を置くことが出来る
　　現場監督員及現場代理人を置いたときは直に相互に通告する

〔施行委任〕
第3条　乙は本契約の履行に付工事の全部又は大部分を一括して第三者に委任又は請負わせることは出来ない但甲の承諾を得た場合は差支ない
　　当事者は相手方の承諾を得なければ第三者に自己の地位を承継させることは出来ない

〔目的物引渡〕
第4条　工事が完成したときは乙は甲の検査を受けて之を甲に引渡す、甲は此

の場合直に之を受取らねばならぬ、甲が其都合に依つて契約目的物の一部で完成したものを使用するときは其都度前項と同様の処置が執られねばならぬ

〔完成前の使用〕

第5条　甲は其都合に依つて工事の完成前に契約の目的物を使用し又は之に設備工事を施すことが出来る

　　前項に依つて契約目的物を使用するときは其部分に対する保管の責任は甲に移転する

〔工事の変更中止及臨機の処置〕

第6条　甲は其都合に因って工事の一部の設計及施行方法を変更し又は工事の全部若は一部の施行を中止し或は其施行上臨機の処置を乙に要求することが出来る

　　前項の場合で乙が工事実費に計上出来ない負担或は損害があるときは甲は之を別途補償する

〔竣功期限の変更〕

第7条　竣工期限は左の場合に甲乙協議の上之を変更することが出来る

　一、第8条に依つて工事の変更及中止並に臨機の処置が為されたとき
　二、支給材料又は貸与品の交付が所定の期日を延期したとき
　三、天災、地変、戦乱、暴動、労働争議、法令の改廃其他予期せられない事由に因つて工程に影響を来したとき
　四、第12条に依る中止工事を再着手するとき

〔危険負担〕

第8条　本契約の履行に当って乙が蒙った損害のうち天災、地変、戦乱、暴動、労働争議、法令の改廃其他不可抗力又は乙の責に帰することの出来ない事由によるものは総て甲が之を負担する

〔工事実費の定義〕

第9条　工事施行の為めに費消せられた費用の内左の費用を工事実費とする

一、契約目的物の実体を構成する物品及契約目的物の実体を構成させる為めに補助的に費消せられた物品に付支払われた費用但後者に在っては之が残存価格を差引いたものとする

二、工事の施行に当って直接又は補助的に費消せられた労働給付に付支払われた費用

三、第一号の物品と第二号の労働給付とを複合したものの給付に付支払われた費用

四、機械器具、車両運搬具（含牛馬）工具等の賃借料に付支払われた費用但売却代金、賃貸料、其他の収入のあるものはこれを控除した残額

五、工事施行上必要な土地、家屋、其他の買収、補償、賃借料又は復旧費並に道路其他の使用料

六、動力用燃料、電気、瓦斯、水道等の代金、運賃及積込取卸し費用、災害予防費，法令に依る乙の負担金並びに補償費

七、工事現場で従事する乙の執務員又は雇人等の諸給付、旅費及現場事務所の諸経費

八、前各号の外甲の承認を経た本工事の施行上の諸経費

〔第三者との契約及承認事項〕

第 10 条　乙が第三者との間に工事実費となる費用に就き契約を締結した場合には之を甲に示して其承認を受けねばならぬ

　　工事施行に当って乙が其直傭工員を使用するときの給与及乙所有の物件を使用又は費消したときの対価が工事費と為るものの費用は前項の規定を準用する

〔工事代金の支払〕

第 11 条　乙は当月分の工事実費及之に相当する報酬金に関する計画書を当該証憑書も添えて翌月 5 日迄に甲に提出する

　　甲は前項の工事代金及之に相当する報酬を其月の 10 日迄に乙に支払う

〔支払催告と之に伴う工事中止〕
第12条　工事実費及報酬金支払の時期が経過して後乙が相当の期間を定めて催告するも甲が支払をしないときは乙は其支払ある迄工事を中止することが出来る

〔所有権の移転〕
第13条　甲が工事実費を支払ったときは其費額に相当するものの所有権は甲に移転する但工事完成の上引渡を了する迄は乙は善良なる管理者の注意を以って之を保管する責に任ずる

〔帳簿整理査閲〕
第14条　乙は本工事に関係ある文書、記録、証憑書類、会計帳簿等一切の書類を整理して置かねばならぬ
　　甲は必要と認めたときは前項の帳簿書類を査閲することが出来る

〔前渡金〕
第15条　甲は乙の申出に依って前渡金を交付することが出来る、前渡金交付の時期、金額、精算の方法等は甲乙協議の上で之を決定する

〔立替払の請求〕
第16条　乙が金銭の立替払を為した場合には甲はこの請求によって直に之を償還せねばならぬ

〔資材労務獲得の協力〕
第17条　工事施行に必要な資材、労務及労務者用物資等の獲得上必要な第三者への手続其他で相手方の協力を要するものについて甲又は乙から相手方に協力を求めたときは相手方は直に之に応じなければならぬ

〔支給材料貸与品〕
第18条　工事施行に必要な物件中別冊支給材料明細書に記載せられているものは甲から乙に之を支給し、別冊貸与品明細書に記載せられているものは甲

から乙に之を貸与する
　　　前項の支給及び貸与の条件は当該明細書に記載してあるところに拠る、乙の故意又は重大な過失に因って本条の物品が滅失又は毀損せられた場合には乙は甲の指示に従つて之を修理するか、代品を納めるか、又は時価に依つて弁償せねばならぬ
　　　本条の物品の使用条上生じた損害は乙の負担とする
　　〔支給、貸与条件の違背〕
第19条　甲が前条の支給や貸与の条件に違背した為めに乙が損害を蒙つたときは其損害は甲が補償する
　　〔不用支給材料の処置〕
第20条　支給材料で指定の用途に不向のもの又は残品等の処置に就ては甲の指図に従う
　　〔材料検査と試験〕
第21条　仕様書に乙が調達する材料の検査や試験に関することが定められているものは総て甲の指図に従つて之をする
　　〔損害保険〕
第22条　乙は甲と協議の上契約の目的物、工事実費となる費用で支払われた物件並に支給材料及貸与品等に付て損害保険契約を締結することが出来る
　　　前項の場合の保険金受取人、保険証券保管人は甲とし保険料は乙が負担する
　　〔乙の原因による解約〕
第23条　乙は其都合によつて本契約を解除することが出来る
　　　前項の場合には第6条第2項の規定を準用する
　　〔甲の原因による解約〕
第24条　乙が左の各号の一に該当する場合には甲は本契約を解除することが

出来る、此の場合甲は報酬金を支払わないし既払いの報酬金があれば返付させる但し左記の第三号及第四号の場合は報酬金は支払う
 一、乙が正当の理由なく本契約の解除を申出たとき
 二、乙が工事を放棄して本契約の目的を達することが出来ぬと認められるとき
 三、乙が破産の宣告を受けたとき
 四、乙が無能力者と成ったとき

〔甲乙何れにも原因なき解約〕
第25条　天災、地変、戦乱、暴動、労働争議、法令の改廃其他不可抗力等の為めに契約履行に影響を来した場合には甲乙協議の本契約を解除することが出来る

〔乙の解約権〕
第26条　乙は左の場合に本契約を解除することが出来る
 一、乙に正当の理由あるとき
 二、第12条による中止期間が30日以上に及んだとき

〔死亡解散〕
第27条　甲又は乙が死亡又は解散して其継承人から本契約の履行を申出たときは継承人が不適当と認められない限り之を承諾せねばならない

〔仲裁〕
第28条　本契約の履行上甲と乙との間に協議の整わぬものは仲裁人の判定に従わねばならぬ
　　仲裁人は3名とし、甲乙協議の上1名を、甲乙各が随意に1名を選定する
　　仲裁人の判断は多数決に依り、此の判定は最終のものとする
　　仲裁人の報酬其他仲裁についての一切の費用は甲と乙とが各々2分の1を負担する

本契約締結の証として本書弐通を作成し甲と乙とは其壱通を保有する
　昭和　　年　　月　　日
　　　　　　　　　　甲
　　　　　　　　　　乙

請負金額限定の実費精算に依る工事契約書

　本契約書は「実費精算に依る工事契約書」条文中修正加除を要する条項並に字句をのみ掲記する

　（修正）
一、工事代金　　工事実費として金　　　　　　　　円也
　　但工事実費内訳書別紙の通

（修正）
　〔工事実費の定義〕
第9條　工事施行の為めに費消せられた費用の内左の費用を工事実費とする、但別に定めてある工事代金変更に関する條項に拠るの外頭書に記載された工事代金を超過する工事費は其超過金額を工事実費とは看做されない又工事代金を変更する條項に基いて変更せられた工事代金を超過するものに付いても同様である（以下無修正）

（追加）
　〔工事代金の更改〕
第9条の1　頭書記載の工事代金は左の場合に甲乙協議の上之を増減する
　一、天災、地変、戦乱、暴動、労働争議、法令の改廃其の他特殊の事情に因って経済界に変動を来し或は地方的特異の事情に因って物価労銀に著しい騰落を来したとき
　二、地質、漏水等豫期し得ない実情の為め工事実費に著しい影響を及ぼすこととと成つたとき
　三、工事既済部分、工事用材料、諸設備、諸機械等が天災、地変、暴動、労働争議、法令の改廃其他不可抗力と認められる事実等に起因して損害を蒙つたとき

四、支給材料貸与品等の交付配給の遅滞、工事中止、設計変更其他乙の責に帰することの出来ない事由に因って工事実費に著しい影響を及ぼすに到ったとき
　五、設計変更及支給品種の改廃等に因って施行数量其他に異動を生じたとき
（追加）
　〔特別報酬金〕
第11条の1　乙が契約期間内に工事を完成し頭書記載の工事代金に剰余を生ませたときは甲は乙に特別報酬金を支払わねばならぬ
　　前項の金額は甲が決定する

工事数量限定の実費精算に依る工事契約書

　本契約書は「実費精算に依る工事契約書」条文中修正加除を要する条項並に字句をのみ掲記する

（修正）

　今般何某（以下乙と謂う）は何某（以下甲と謂う）の頭書工事を別紙図面及工事数量内訳書に基づいて頭書期間内に完成、甲に引渡し甲は乙の頭書の工事代金並に報酬を支払うこととし当事者は本契約を締結する

（修正）

〔施工計画書、工程表〕

第1条　乙は甲から請求のあったときは、工事施行計画書又は工事工程表を甲に提出する

（追加）

〔工事数量の制限〕

第9條の1　乙は工事数量内訳書記載の数量を超えない数量で工事を施行せねばならぬ但第6條の設計変更に依つて増す工事数量と特に甲の承認を得た工事数量は差支えない

　　乙が工事数量内訳書記載の数量を超えて工事を施行する場合に之を甲が不当と認めたときは此の超過数量に付支払われた費用は之を工事実費と看做されぬことがある

資料－2（本文 P9）

建設工業原価計算要綱案

第1章　総　　則

（本要綱の目的）

§1　本要綱は建設工業における原価計算方法の基準を示し、あわせて適正な工事価額の算定及び経営能率の増進に資することを目的とする。

（本要綱の対象）

§2　本要綱に基づき原価計算を行う対象は土木工事、建築工事及びその附帯工事とする。

（事前原価計算と事後原価計算）

§3　建設工業原価計算を分って入札に基づく請負その他の事前原価計算と原価に基づく請負即ち事後原価計算とする。
　　本要綱は事前原価計算及び事後原価計算の双方に対して適用し、事前原価計算においては見積計算とし、事後原価計算においては実費計算とする。

（契約当事者の作成書類）

§4　契約当事者の一方は契約内容の定めるところによって次の書類を作成し相手方又は同一人はそれによって原価計算表及びその附属書類を作成する。
　　1. 契約書
　　2. 仕様書
　　3. 設計図

　　　　4.　調査研究書類
　　　　5.　その他原価に影響を及ぼすことある事項に関する書類
（原価計算表の作成時期）
§5　事前原価計算表及びその附属書類は入札又は見積以前にこ作成し、事後原価計算表及びその附属書類は原則として竣功報告書と同時に作成する。

（工事価額の構成）
§6　工事価額はこれを総原価と付加利潤とに区分し、総原価はこれを工事原価と一般管理費配賦額とに区分する。工事原価はこれを次の要素に区分する。
　　　　1.　材料費
　　　　2.　労務費
　　　　3.　外注費
　　　　4.　経　費

第2章　要素の計算

第1節　材料費

（材　料）
§7　本要綱において材料とは仮設又は工事目的物を構成し又は取付けられる素材、半製品、製品等をいう。
§8　材料の原価は材料の買入代価に手数料、引取運賃、荷役費、保険料、関税等買入に要した費用を加算したものとする。
　　　材料の購入事務、検収、整理、選別、手入、保管等に要した費用は材料の購入価額に算入しない。

（材料費の評価）

§9　事前原価計算における材料費は、事前原価計算表作成当時の価額で評価し、事後原価計算における材料費は実際に要した費用で評価する。

　　但し統制額ある場合は何れもこれを超えない価額とする。

　　事後原価計算における残余材料の価格は材料費から控除する。

（自営材料の評価）

§10　自営によって製造又は加工した材料の価額は、素材としての材料の購入価額に、自営工場の製造費又は加工費を配賦したもので計算し評価する。

　　前項の場合において必要なときには豫定額で配賦することができる。予定額と配賦額との差額は原価計算外損益とする。

第2節　労務費

（労務費）

§11　本要綱において労務費とは名称の如何を問わず使用者が労働の対償として労働者に支払うべきもの（現物給与を含む）をいう。

（労務費の評価）

§12　事前原価計算における労務費は事前原価計算表作成当時の賃率又は単価に歩掛を乗じて評価する。

　　事後原価計算における労務費は実際の支払額をもって評価する。

第3節　外註費

（外註費）

§13　外註費とは工事目的物の一部を構成するために工事材料、半製品又は製品を作業と共に供給するものに対する支払をいう。

外註費はできる限り材料費（半製品又は製品をも含む）及び労務費に区分する。

第4節　経　費

(経　費)

§14　本要綱において経費とは工事原価の中、材料費、労務費及び外註費を除く費用をいい、これをおおむね次のように区分する。
　(1) 現場従業員の給料、賃金、割増給、諸手当及び賞与
　(2) 法定福利費
　　　　法定福利費とは現場従業員又は労務者について生じた健康保険法、厚生年金保険法、労働基準法並びに、労働者災害補償保険法、その他労働者の福利に関する法令による使用者の負担額をいう。
　(3) 厚生費
　　　　厚生費とは現場従業員及び労働者の慰安娯楽に要した費用の外、現場従業員に対する現物給与の負担額をいう。
　(4) 福利施設費
　　　　福利施設費とは現場において診療所、食堂等の施設を有する場合、その負担額をいう。
　(5) 退職金
　　　　退職金とは現場従業員の現場に勤務する期間における繰入額をいう。
　(6) 労務者雇入費
　　　　労務者雇入費は現場における雇入費のみならす、本店、支店、営業所、常設出張所（以下単に本店という）において、現場のために雇入れた場合の費用をも含む。
　(7) 修繕料

(8) 損　料

　　損料とは材料又は機械器具の賃借料及び自家所有機械器具の減価償却費をいう。
(9) 用水費
(10) 動力及び光熱費
(11) 事務用品費
(12) 支払運賃
(13) 交通費及び通信費
(14) 地代家賃
(15) 租　税

　　租税とは現場において工事施工のために賦課される租税、家屋税及び同附加税、車輌税等の租税をいう。
(16) 保険料

　　保険料とは工事及び工事の施工に必要な建物、機械、貯蔵物品等の火災保険料、その他の損害保険料をいう。
(17) 支払利子

　当該工事のためのみの借入金その他の支払利子額をいう。
(18) 支払設計料
(19) 特別補償料

　　特別補償料とは他人の物（公物をも含む）に生じた損害に対する費用であって己むを得ないもの（事前原価計算においては仮設費に算入すべきものを除く）をいう。但し施工者の故意又は重大な過失によるものは原価計算外損益とする。
(20) 特別経費

　　特別経費とは通常起り得る災害の出費に対し、その災害の発生の確率を乗じたものをいう。

(21) 雑　費

（経費の評価）

§15　事前原価計算における経費は、事前原価計算表作成当時の価額で評価し、事後原価計算における経費は、実際に要した費用で評価する。

　　　個人経管者が現場に勤務する場合には、適正な金額を評価しこれを給料として計上することができる。

　　　経費の中数工事現場にまたがるものは、工事現場毎の負担額を評価計算する。

（減価償却費）

§16　減価償却費とは固定資産の原価、耐用命数、使用回数及び残存価額を測定し、当該固定資産の原価を毎期又は工事毎に減額して投下資本の回収をなすことをいう。固定資産の原価はその取得に要した実際の原価とする。組立費、諸税等その取得又は製作に要した正当の附帯費用はその原価に算入する。

　　　改造又は修繕によつてその資産の効用又は耐用命数を増加したときには、その増加の限度において改造費又は修繕費の全部又は一部をその資産の原価に算入する。

　　　特許権、実用新案権、意匠権等は有償で取得し、又は特別の費用を支出して創設した場合に限つて、これを固定資産に計上し、その原価を基礎として減価償却を行う。

　　　前項の無形固定資産の原価は、有償で取得した場合には、買入代価に取得に要した費用を算入したものとし、特別の費用を支出して創設した場合には、これに要した諸費用を合計したものとする。

（減価償却費の計算）

§17　現場において負担すべき減価償却費は、使用された固定資産の経

常の償却額を計算し、各工事における使用数量、使用回数、処理数量又は使用期間を考慮して、当該工事原価の負担額を計算する。

　材料、工具、器具又は備品であって減価償却の困難なものは、取替法で減価償却に代えることができる。

第3章　一般管理費

（一般管理費の区分）

§18　一般管理費はおおむね次のように区分する。
    (1) 役員俸給
    (2) 本店従業員の給料、賃金、割増給、諸手当及び賞与
    (3) 法定福利費
        法定福利費とは本店従業員について生じた法定福利費の負担額をいい§14(2)を準用する。
    (4) 厚生費
        厚生費とは本店従業員について生じた厚生費の負担額をいい、§14(4)を準用する。
    (5) 福利施設費
        福利施設費とは本店従業員について生じた福利施設費の負担額をいい、§14(4)を準用する。
    (6) 退職金
        退職金とは本店従業員について生じた退職金繰入額をいう。
    (7) 修繕料
    (8) 事務用品費
    (9) 交通費及び通信費
    (10) 用水費
    (11) 動力及び光熱費
    (12) 調査研究費

  (13) 広告宣伝費
  (14) 地代家賃
  (15) 原価償却費
  (16) 租　税
  (17) 保険料
  (18) 支払利子
  (19) 雑費

（一般管理費の計算及び配賦）

§19　一般管理費は、前条の区分に従いその営業年度において支払うべき額を計算する。その配賦は先ず過去数ケ年の一般管理費の年間平均額を算出し、又は年間の一般管理費予算額を算出し、これにある率を乗じたものをその工事の負担すべき一般管理費配賦額として、これを行う。

 特定の工事現場のみで負担すべき一般管理費は、その工事現場の負担とする。

 予算額と実際額との差額は原価計算外損益とする。

第4章　原価に算入しない項目

（非原価項目）

§20　次のものは原則として原価に算入しない。
  (1) 天災地変その他不可抗力による損失、偶発債務に因る損失、及び訴訟費その他偶発的事情に因る損失
  (2) 営業権償却、建設利息償却、役員の賞与及び退職手当、法人税、営業税及び同附加税、所得税、その他利益で支弁する性質を有する費用
  (3) 投資不動産、長期出資、長期貸付金等の管理費用、これらの

費産に対する諸税、投資資産償却損及び利殖、統制その他事業本来の目的ではなく長期にわたって所有する資産に関する費用又は損失
(4) 拡張用の土地建物、機械装置、建設用材料、特許権等の取得、建設又は管理の費用、これらの資産に対する諸税、及び経営拡張設備の予備的に保有する資産、又は建設中の設備に関する費用
(5) 未経過保険料、前払賃借料その他の費用
(6) 財産評価損、貸倒償却又は違約金（延滞償金をも含む）
(7) 前各号に掲げるものの外法令によって経費として処理することを得ない費用

第5章　附加利潤

（附加利潤に考慮せらるべき項目）
§21　附加利潤に考慮せらるべき項目は次のようである
　　(1) 私経済的危険
　　(2) 偶発的事情に因る損失
　　(3) 利益で支弁しなければならない費用

（附加利潤の計算）
§22　附加利潤は前条の項目を考慮し公正な利潤率を算定し，総原価にこれを乗じたもので算定する。

第6章　原価計算表及びその付属書類

（原価計算表及びその付属書類）
§23　作成すべき原価計算表及びその付属書類は附表第1及び第2の形式とし、その工事の区分について契約当事者これを定める。

資料-3（本文 P18）

官庁工事請負標準契約書案

1　工事名
2　施工地
3　工　期　　着手　昭和　　　年　　　月　　　日まで
　　　　　　　完成　昭和　　　年　　　月　　　日まで
4　契約金額
5　前払金
6　契約保証金

　上記の工事について、契約担任官「某」を甲とし、請負人「某」を乙とし次の契約條項によって請負契約を締結する。

『総　則』
第1条
(1) 乙は別冊図面及び仕様書に基き、頭書の契約金額をもって、頭書の工期内に、工事を完成しなければならない。
(2)図面及び仕様書に明示されていないもの、または疑義を生じたものについては、甲の指示に従うものとする。
(3) 乙は、別冊図面および仕様書に基く事前原価計算表並びにその附属書類（以下これを事前原価計算書という）工事工程表および主用材料表を、契約締結後〇日以内に甲に提出して、その承認を受けるものとする。

『契約保証金』（本条は保証金免除の場合は削除）

第2条　乙は、本契約に関する一切の義務を担保するため、契約保証金として、前記の金額（契約金額〇分の〇）を甲に預け置くものとする。ただし契約金額の増減によって、その規定額が不足又は過剰となった場合は、甲は直ちに追徴又は還付する。

『権利義務の委任譲渡』
第3条　乙は、本契約の履行について、工事の全部又は大部分を一括して第三者に委任もしくは請負わせ、または本契約によりて生ずる権利もしくは義務を譲渡することはできない。ただし、甲の承認があったときは、この限りでない。

『現場監督員』
第4条
 (1) 乙は、甲の承認を得て代理人を定め、工事現場に常駐せしめて、甲の選定した現場監督員（以下監督員という）の指示に従い、現場内の取締および工事に関する一切の事項を処理しなければならない。
 (2) 甲は、乙の代理人、使用人または労務者の内不適当と認めた者があるときは、その交替を求める事ができる。

『仕様書不適合の場合の改造の義務』
第5条　監督員が、施工について、図面または仕様書に適合しないと認めたものがあるときは、乙は直ちにこれを改造しなければならない。ただし、このために契約金額を増し、又は工期を延長することはできない。

『臨機の処置』
第6条
 (1) 甲は、災害防止の他本工事の施行上特に必要と認めた場合は、所要の臨機処置を乙に求めることができる。この場合、乙は直ちにこ

れに応じなければならない。
　(2) 前項の処置に要した費用については、甲乙協議の上、頭書の契約金額に含め得られないと決定したものは、甲がこれを支払う。

『材料の検査』
第7条
　(1) 工事に使用する材料はすべて乙において使用前に監督員の検査を受け、検査未済の材料は、これを使用することができない。
　(2) 監督員は、乙から検査を求められたときは、直ちにこれに応じなければならない。
　(3) 検査のために直接必要な費用は乙の負担とする。
　(4) 前2項の規定は、以下検査に関する条項に、これを準用する。
　(5) 検査の結果、不合格と決定した材料については、第27条の規定を準用する。

『貸与品、支給材料および割当証明書』
第8条
　(1) 甲から乙への貸与品および支給材料は無償とし、その品名、数量、材質および引渡場所は、仕様書に記載したところによるものとし、その引渡時期は工事工程表に基くものとする。
　(2) 乙は、貸与品または支給材料を受領したときは、その都度それぞれ甲に借用書または受領書を提出しなければならない。
　(3) 甲が、その都合によって、貸与品または支給材料の数量、引渡時期、引渡場所等について、相当の変更をする場合は、第11条の規定を準用する。
　(4) 使用済の貸与品、あるいは工事の変更、工事の完成または契約解除に際して不用となつた支給材料があつたときは、乙は直ちに仕様書所定の場所でこれを甲に返付しなければならない。もし、その返

付が不可能なときは、甲の指定した期間内に、代品を納入し、または甲の認定による賠償金を納付しなければならない。
(5) 割当証明書による材料の取得については、特に、甲は乙に協力するものとする。

『支給材判、官有物の毀損』
第9条 乙が故意又は過失により、貸与品、支給材料または官有物を滅失また毀損したときは、乙は甲の指定した期間内に、それぞれの代品を納入し、又は現状に復しなければならない。もし、これが不可能なときは、乙は甲の認定による賠償金を、甲の指定した期間内に、納付しなければならない。

『材料の調合』
第10条
(1) 乙は、工事に使用する材料中調合を要するものは監督員の立会を得て調合しなければ、これを使用することができない。ただし、調合については、見本検査によることが適当と認められるものは、これによることができる。
(3) 水中又は地下に埋設する工事、その他完成後外面から明視することができない工事は、特に監督員の立会の上施工しなければならない。
(3) 監督員は、乙から前2項の立会を求められたときは、直ちにこれに応じなければならない。

『工事の変更、中止』
第11条
(1) 甲は、必要がある場合には、工事を変更もしくは一時中止し、またはこれを打切ることができる。
　　この場合には、契約金額はこれを変更することができる。工事の

変更又は一時中止によつて、工期を変更する必要があるときは、甲乙協議の上これを定めるものとする。
(2) 前項の規定により、契約金額を変更する場合には、事前原価計算書によることとし、これによりがたいとき、またはこれによることを不適当とするときは、甲乙協議の上これを算定する。
(3) 工事の変更の場合には、乙からその承諾書を提出しなければならない。
(4) 第1項の場合に、乙が損害を受けたときは、甲はその損害額を賠償しなければならない。その賠償額は、甲乙協議の上、これを定める。

『経済事情の変動』
第12条　頭書の工期内に、統制額の変更その他経済的事情の変動により、契約金額が不当となったと認められるときは、甲乙協議の上、これを変更することができる。

『第三者の損害』
第13条　本工事の施行に関連して、第三者に与えた損害の賠償の費用は乙の負担とする。だだし、天災その他乙の責任に帰し得ない事由によるものは甲の負担とする。

『天災による損害』
第14条
(1) 天災その他乙の責任に帰し得ない事由によって、本工事の出来形部分又は検査済材料その他施工に関して損害を生じた場合には、乙はその補償を甲に請求することができる。
(2) 甲は前項の損害について、乙と協議の上定めた補償額を乙に支払わなければならない。ただし、乙が、その損害の発生に関し、適当な処置を施さず、または注意を怠ったと認められるものについては、

この限りでない。

(3) 第1項の請求は、事実発生後速かにこれをなさなければならない。

『一般的損害』

第15条　工事目的物の引渡前に生じた損害は乙の負担とする。ただし、甲の責任に帰すべき事由による場合、又は本条以外の条項で別段の定めをなした場合の損害については、この限りでない。

『天災による延期』

第16条

(1) 天災その他乙の責任に帰し得ない事由によって、頭書の工期内に工事を完成することができないときは、乙は、その事由を詳記して、工期の延長を請求することができる。この場合に、甲はその期間を延長しなければならない。ただし、その延長日数は、甲乙協議の上、これを定めるものとする。

(2) 前項の請求は、頭書の工期内でなければ、これをすることができない。ただし、特別の事由があるときは、この限りでない。

(3) 工期延長の事由でその発生の直後でなければ認定の困難なものについては、乙はその都度詳細に、これを甲に報告しなければならない。

『遅滞料』

第17条

(1) 乙が前条第1項の事由なく、頭書の工期内に工事を完成することができないときでも、期限後において完成する見込がある場合には、甲は、特に乙から遅滞料を徴収して、工期を延長することができる。

(2) 遅滞料は、遅滞日数1日につき、最終契約金額から出来形部分に対する契約金額相当額を控除した額の〇分の〇とする。

『引渡』

第 18 条

(1) 乙は、工事が完成したときは、直ちにその旨を届出て、甲の検査を受けなければならない。

(2) 前項の検査に合格したときは、甲は工事目的物の引渡を受ける。

(3) 検査に合格しないときは、乙は、頭書の工期内または甲の指定する期間内に、これを補修又は改造して更に第 1 項の手続をしなければならない。

『瑕疵担保』

第 19 条　乙は、前項による引渡の日から 1 年間、工事目的物の瑕疵に対して担保の責に任じ、且つ、その瑕疵により生じた滅失又は毀損に対して損害の賠償をしなければならない。ただしこの期間は、土地の工作物又は地盤の瑕疵又はこれによる滅失、毀損については、2 年とする。

『部分使用』、

第 20 条

(1) 甲は、工事の一部が完成した場合において、その部分の検査をして合格と認めた場合には、その合格部分の全部または一部を使用することができる。

(2) その使用部分については、第 18 条の引渡があったものとする。

(3) 甲は、必要がある場合には、工事の一部が完成し検査未了のもの、または未完成の部分についても、これを使用することができる。この場合、もし乙に損害を及ぼしたときは、甲は乙と協議の上、その損害額を賠償しなければならない。

『契約金の支払』（本条保証金の事項は保証金免除の場合は削除）

第 21 条

(1) 第 18 条の引渡があつた場合、甲は乙による支払請求の日から〇日

以内に契約金を支払い且つ契約保証金を還付しなければならない。
　(2) 甲の責任に帰すべき事由により、その支払又は還付が遅れた場合には、乙は甲に対し遅延日数に応じ日歩〇銭の割で遅延利息の支払を請求することができる。

『前払』
（本条は予算決算及会計令臨時特令に基いて前払をなす場合に適用）
第22条
　(1) 乙は甲に対し契約金の前払を請求することができる。ただしその請求額は契約金額の10分の〇以内とする。
　(2) 前払金の支払の時期については、甲乙協議の上、これを定める。

『部分払』
第23条
　(1) 乙は、工事完成前に、甲の検査に合格した出来形部分（現場にある検査済材料を含む、以下同じ。）に対する契約金額相当額の10分の9以内の部分払を請求することができる。ただし、この請求は<u>工期中〇回（月1回）</u>を超えて、これをなすことができない。
　　（註：下線内は自由選択とする。）
　(2) 前項の支払の時期については、甲乙協議の上、これを定める。
　(3) 前払金の支払を受けたものについては、本条による支払額は、第1項に規定された額の契約金額に対する割合を前払金支払額に乗じたものを第1項に規定された額から減じたものとする。
　　　註：第3項の支払額
　　　　＝第1項に規定された額－前払金支払額×(第1項に規定された額÷契約金額)
　　　　＝第1項に規定された額(1－前払金支払額÷契約金額)

『甲の解約権』

第 24 条
　(1) 次の各号に該当するときは、甲は本契約を解除することができる。
　　1　乙が、正当な理由なく、工期内又は期限後相当期間内に工事を完成する見込がないと明かに認められたとき。
　　2　乙が、契約条項の規定に違背したとき。
　　3　乙が、正当な理由なく契約の解除を申出たとき。
　(2) 前項にこより契約を解除した場合は、工事の出来形部分で検査に合格したものは甲の所有とし、甲は事前原価計算書に基いてその代価を支払わなければならない。
　(3) 第 22 条による前払金があつたときは、前項の支払額と前払額とを差引精算するものとし前払額に残余があるときは、乙はその残額に利子を附して返還しなければならない。その利子は、その残額について前払金支払の日から返還の日迄日歩〇銭の割で計算した額によるものとする。
　　（詳：本項は前払をしない場合は削除）
　(4) 第 1 項により本契約を解除した場合には、*甲はその保証金を没収する。（乙は甲に対し最終契約金額の〇分の額に相当する違約金を納付しなければならない。）
　　（註：保証金免除の場合は、*印以下は括弧内を採用）

『甲の解約権』
第 25 条
　(1) 甲は前条第 1 項の場合の外に、必要ある場合には、本契約を解除することができる。
　(2) 前条第 2 項及び第 3 項の規定は、本条により契約を解除した場合にこれを準用する。
　(3) 本条により契約を解除した場合には、甲はこれによつて生じた乙の損害を賠償しなければならない。

その損害額は、甲乙協議の上、これを定めるものとする。

『乙の解約権』

第26条
　(1) 次の各号の一に該当するときは、乙は本契約を解除することができる。
　　1　第11条により、工事を変更したため、契約金額が3分の1以上減少したとき。
　　2　第11条による工事中止の期間が、工期の2分の1以上（6ヶ月以上）に達したとき。
　　　（註：工期が1年以上のときは括弧内を採用）
　(2) 第24条第2項並びに第3項及び前条第3項の規定は、本条により契約を解除した場合に、これを準用する。

『解約による物件引取』

第27条　本契約を解除した年において、買入未済のため不用となつた割当証明書あるときは、乙はこれを甲に返付し、また甲が引渡を受けない物件があるときは甲乙協議の上定めた期間内に、乙はこれを引取りその他原状に復しなければならない。正当な理由なく、乙が期間内に引取りその他原状に復しないときは、甲は乙に代つてその物件を処分することができる。この場合、乙は甲の処分について異議の申立をすることができない。又これに要した費甲は乙が弁済しなければならない。

『火災保険』

第28条　乙は甲の承認を得て、工事目的物及び工事用材料（甲の支給材料を含む）を火災保険に附することができる。

『本契約書外の事項』

第29条　本契約書に定めてない事項については、必要に応じ甲乙協議の上定めることができる。

　上記の契約の証として本書二通を作り、双方記名捺印の上各自一通を保有する。
　　　　昭和　　年　　月　　日
　　　　　　契約担任官　　住　所
　　　　　　　　　　　　　氏　　　　　　　　　　名　印
　　　　　　請 負 人　　　住　所
　　　　　　　　　　　　　氏　　　　　　　　　　名　印

資料－4（本文 P24）

政府経費の削減に関する件の覚書

昭和 22 年 9 月 12 日

軍務局高級副官　R.M.レヴイ大佐

政府経費の削減を計るため左記の措置を即時講じられたい。

A．左記の場合には日本政府の定めた生産品公定価格のみを認定承認又は使用するものとする。
　(イ) 他の生産品の公定価格を算出して設定する場合。
　(ロ) 物品購入費、工事費又は役務費を査定する場合及び支払をする場合。これは政府直接の支払においても同じである。

B．占領軍の要求に係る工事又は行為に用いる資材の公定価格は、他の工事又は行為に用いる同様の資材の公定価格と同一とする事。

C．労務費のための日本政府の経費（支払及び返済）は、その労務が政府又は占領軍のための工事、物品若しくは役務の遂行にあたって政府が直傭したものであっても、請負業者、製造業者、個人会社若しくは公的代行機関によって従事せしめられたものであっても、労務者の手取賃金額に法定控除額を加算した金額を超えてはならない。

D．左記の種類の労務においては、賃金の実支払額は日本政府の決定によりその地域における同様の雇傭に対して通常支払はれる賃金と原則として同等とし、如何なる場合もそれを超過してはならない。決定の方法は連合軍最高司令官の審査を受けなければならない。
　(イ) 占領軍の「労務請求書」に対処して日本政府の雇傭する労務

(ロ)　工事の施工、建物の維持管理及びそれに伴う役務のため並に占領軍諸施設の運営のための占領軍の「調達要求書」又は日本政府宛覚書の結果として従事せしめられる労務。此の種類の労務の賃金率は前項の種類の労務の賃金率を超えてはならない。
　(ハ)　全額又は一部国庫補助による公共事業の施工のための労務
　E．政府経費を伴う一切の行為に対して適当の検査監督制度を制定して労務及び資材の浪費を排除し且つ費用の水増した請求書又は虚偽の請求書の支払をなくするようにせられたい。

本覚書成就のため大蔵省と連合軍最高司令部関係部課との直接交渉をここに許可する。
右命により指令する

資料－5（本文 P24）

政府に対する不正手段による支払請求の防止等に関する法律

(昭和 22 年法律第 171 号)

（支払請求内訳書）
第1条　国、連合国軍又は特別調達庁のためになされた工事の完成、物の生産その他の役務の給付に関し、国に対して、自己又は他人が提供した物又は役務の費用として代金又は報酬の請求をしようとする者は、命令の定める書式により、支払請求内訳書を作成し、これにすべての材料及び労務並びに労務以外の役務で第三者の提供したもの（以下諸役務という）につき、材料については、その品目、規格、品質、数量及び価額、労務については、その労務者の職種別の員数及び賃金額、諸役務については、その種類及び価額の内訳を明記しなければならない。

　但し、左の各号の一に該当する物又は役務については、その価額自体を記載すれば足り、当該物の生産又は役務の提供に関し使用された材料、労務及び諸役務に分けて内訳を記載することを必要としない。
　1　物価統制令に規定する統制額（以下統制額という）のある物又は役務
　2　統制額のない物但し、その価額の合計額が国を当事者とする請負契約又は購入契約の各契約金額の 200 分の 1 に相当する金額を超えない範囲内におけるものに限る。
　3　統制額のない物但し、その購入金額の合計額が、第 4 条において準用される公団の購入金額を含み、国の一般会計歳出予算額の 1,000 分の 3 に相当する金額を超えない範囲内において大蔵大臣の

特に指定する購入契約により購入するものに限る。

（価額及び賃金の計算）
第2条　前条の規定による支払請求内訳書に記載すべき材料及び諸役務の価額並びに賃金額は、左の各号の定めるところによりこれを計算しなければならない。
　　一　材料及び諸役務の価額は、実際使用された数量及び
　　　イ　第1条に規定する工事の完成、物の生産その他の役務の給付に関する契約成立前給付者が他人から譲り受けた材料又は提供を受けた諸役務については、契約成立の時の統制額
　　　ロ　前号の契約成立後給付者が買い入れた材料又は諸役務については、その買入の時の統制額
　　　ハ　その他のものについては、当該材料を事業場に搬入した時の統制額
　　　ニ　ロ号若しくはハ号に掲げる時の明らかでないもの又は取得の方法の明らかでないものについては、イ号に掲げる統制額を超えない価格等（物価統制令第2条に規定する価格等をいう。以下同じ。）による。
　　二　賃金額は、職種ごとに、実際使用された員数及び労務使用当時の一般職種別賃金額を超えない賃金額による。
　　　　前項に規定する一般職種別賃金額は主務大臣が官報を以てこれを告示する。
　　　　第1項の統制額には、物価統制令第3条第1項但書の規定による許可に係る価額等の額を含む。

（誓約書）
第3条　第1条の規定による支払請求内訳書を提出する者は、その支払請求内訳書が正確であり、且つ、これに記載された価額及び賃金額が

前条の規定に適合して計算されている旨の誓約書を作成し、これに署名し、印を押さなければならない。

（地方公共団体及び公団に対する準用）
第4条　前3条の規定は、地方公共団体又は公団のためになされた工事の完成、物の生産その他の役務の給付に関し、地方公共団体又は公団に対し、自己又は他人が提供した物又は役務の費用として代金又は報酬の請求をしようとする者に、これを準用する。この場合において第1条但書第3号の規定の地方公共団体に対する適用については、同号中「国の一般会計歳出予算額の1,000分の3に相当する金額を超えない範囲内において大蔵大臣の特に指定する購入契約により購入するものに限る。」とあるのは「地方公共団体の一般会計歳出予算額の1,000分の1に相当する金額（その金額が1万円に達しないときは1万円）を超えない範囲内において購入するもの並びに地方公共団体がその事業の用に供するため購入する土地及び建物に限る。」と読み替えるものとする。

（下請人に対する準用）
第5条　第1条（同条但書第2号及び第3号を除く。）、第2条及び第3条の規定は、第1条又は前条に規定する契約の履行に関し、使用された物又は役務を給付者に対し提供しその代金又は報酬を請求しようとする者（以下下請人という。）に、これを準用する。

　　下請人は、給付者に対し、契約の履行後遅滞なく、前項において準用する第1条及び第3条に規定する書類を提出しなければならない。

　　下請人は、前項の義務を怠ったときは、これに因り給付者に生じた損害を賠償する責を負う。

（請求及び支払の効力）

第6条　第1条に規定する代金又は報酬（国の雇傭する官吏、職員又は労務者に対する国の直接の支払を除く。以下本条中同じ。）の請求権を有する者は、第1条、第3条及び第9条第1項に規定する適法の書類を国に提出しなければ、その権利を行使することができない。

　政府職員（国の支払事務を所掌するその他の者を含む。以下同じ。）は、第1条、第3条及び第9条第1項に規定する適法の書類の提出がなければ、第1条に規定する代金又は報酬を支払ってはならない。

　第1項の規定は、第4条に規定する代金又は報酬の請求権を有する者に、前項の規定は、地方公共団体又は公団の職員に、これを準用する。

（前払及び精算）
第7条　前条の規定は、第1条又は第4条に規定する工事の完成、物の生産その他の役務の給付に関する契約の履行前において代金又は報酬（契約の履行後において代金又は報酬に充当する旨の特約に基づいて交付する金額を含む。）の部分払又は仮払をなす旨の約定がある場合における当該金額の請求及び支払については、これを適用しない。

　しかしながら政府職員（地方公共団体又は公団の職員を含む。）は、第9条第1項の規定による内訳書の提出がなければ、前項に規定する代金又は報酬の部分払又は仮払をなしてはならない。

　第1項の約定に基づく支払があった場合においては、当該支払を受けた者は、第1条（第4条において準用する場合を含む。）に規定する事項を記載した精算書を、契約の履行後30日以内（大蔵大臣が特にこれより長い期限を定めたときはその期限内）に、当該支払をなした者に提出しなければならない。

　第2条及び第3条の規定は、前項の規定による精算書に記載すべき材料及び諸役務の価額並びに賃金額の計算について、これを準用する。

　下請人は、給付者に対し、前2項の規定の適用につき必要な事項を、

遅滞なく、通知しなければならない。第5条第3項の規定は、この場合に、これを準用する。

　前条第1項及び第2項の規定は、第3項の場合において契約の履行後支払うべき残額がある場合に、これを準用する。

　第3項の規定による精算書の提出後材料、労務又は諸役務に対する代金又は報酬の前払額が超過払となっているときは、当該支払を受けた者は、その超過額を返還しなければならない。

（約定金額の改定）

第8条　第1条（第4条において準用する場合を含む。）の規定による支払請求内訳書又は前条第3項の規定による精算書に記載された材料の価額の合計額、諸役務の価額の合計額及び賃金の合計額の総額がこれらの各区分についての約定金額の合計額よりも少ないときは、約定金額は、支払請求内訳書又は精算書に記載された金額に改定されたものとする。

（見積書）

第9条　物の購入契約を除く外、第1条又は第4条に規定する工事の完成、物の生産その他の役務の給付に関する契約による給付者は、契約成立後30日以内（大蔵大臣が特にこれよりも長い期限を定めたときはその期限内）に、国、地方公共団体又は公団に対し、命令の定める書式により、当該契約に関し、材料及び諸役務の価額並びに賃金額の見積額につき、その詳細の内訳を記載した内訳書を提出しなければならない。

　第1条但書第1号及び第2号の規定は、前項の規定による内訳書について、これを準用する。

　前項の規定により提出された内訳書に記載された材料の価額の合計額、諸役務の価額の合計額及び賃金の合計額は、これを夫々材料の価

額の合計額、諸役務の価額の合計額及び賃金の合計額についての契約成立の時の約定金額とみなす。

（検査及び報告）

第10条　当該官吏は、契約成立後、第2条（第4条、第5条第1項又は第7条第4項において準用する場合を含む。）の規定による計算に関し必要があるときは、給付者若しくは下請人その他当該契約に関連して給付者と取引した者に対して質問し、報告を求め、これらの者の営業場、事業場等に臨検し、帳簿書類その他の物件を検査し、又参考人について質問することができる。

　　政府は必要があるときは、命令の定めるところにより、都道府県の吏員又は公団の職員をして、前項の事務に従事させることができる。

（賃金の支払）

第11条　政府職員（命令で定める法人の職員を含む。）は、左の各号の一に該当する労務者に対しては、第2条第2項に規定する一般職種別賃金額を超える額の賃金を支払ってはならない。

　　1　連合国軍の需要に応じて連合国軍のために労務に服する労務者
　　2　公共事業費を以て経費の全部又は一部を支弁する事業に係る労務に服する労務者

（昭和21年法律第60号の契約に対するこの法律の適用）

第12条　第1条、第3条並びに第7条第3項及び第4項の書類が、昭和21年法律第60号（政府の契約の特例に関する法律）第1条第1項の規定に該当する契約に関するものであるときは、これらの書類は、同法第1条第1項の支払金額の確定を請求する際、これを提出すべきものとする。この場合においては、確定金額の支払の請求をしようとする際、あらためて第1条、第3条並びに第7条第3項及び第4項の書類を提出することを必要としない。

昭和21年法律第60号第1条第1項の規定による支払金額の指定は、第1条、第3条並びに第7条第3項及び第4項の書類の提出がなければ、これをすることができない。

　第1項の場合においては、第6条、第7条第6項及び第9条の規定は、これを適用しない。

第13条　昭和21年法律第60号第1条第1項の規定による支払金額の指定は、当該契約に係る材料の価額の合計額、諸役務の価額の合計額及び賃金の合計額については、夫々第2条の規定により計算された金額の範囲内において、これをしなければならない。

（罰則）

第14条　第3条に規定する誓約書に虚偽の誓約をなし、内訳のいずれかの記載金額が第2条の規定を適用して算出した金額を超えるような支払請求内訳書を国に提出した者は、実際上国に損害を加えたかどうかにかかわらず、これをその超過額の3倍以上4倍以下の額に相当する罰金に処する。

　第4条において準用する第3条に規定する誓約書に虚偽の誓約をなし、内訳のいずれかの記載金額が第4条において準用する第2条の規定を適用して算出した金額を超えるような支払請求内訳書を地方公共団体又は公団に提出した者も、また前項と同様とする。

　前2項の規定は第7条第3項の規定による精算書を提出した場合に、これを準用する。

　前2項の罪を犯した者には、刑法第54条第1項の規定は、これを適用しないで、他の法条に刑があるときは、その刑を併科する。

第15条　左の各号に掲げる者は、これを6カ月以下の懲役又は1万円以下の罰金に処する。

　　1　第7条第3項の場合において、同項の規定による精算書を提出しない者

2　第10条の規定による質問に対し、虚偽の答弁をした者
　3　第10条の規定により報告を求められて、虚偽の報告をした者
　4　第10条の規定により質問を受け若しくは報告を求められた者の答弁若しくは報告を妨げ又は同条の規定による検査を妨げた者
　5　第1条、第4条若しくは第5条第1項又は第7条第3項の規定により賃金額について支払請求内訳書又は精算書の提出を必要とする場合において、労働基準法第108条の規定による賃金台帳を備え置かず、虚偽の記載をした賃金台帳を備え置き、又は賃金台帳に関する質問に対する答弁若しくは検査を妨げた者

第16条　法人の代表者又は法人若しくは人の代理人、使用人その他の従業者が、その法人又は人の業務に関して前2条の違反行為をしたときは、行為者を罰する外その法人又は人に対して各本条の罰金刑を科する。

　　　附　　則

第1条　この法律施行の期日は、その成立の日から5日を超えない期間内において、政令でこれを定める。

第2条　この法律は、第1条、第4条又は第5条第1項に規定する請求に関しこの法律施行後使用される材料及び労務並びにこの法律施行後提供される諸役務について、これを適用する。

第3条　第1条又は第4条に規定する工事の完成、物の生産その他の役務の給付に関する契約でこの法律施行の際まだ履行の完了していないものに対するこの法律の適用については、第6条及び第7条第2項中「第9条第1項」とあるのは「附則第4条第1項」、第8条中「材料」とあるのは「この法律施行後使用された材料」、「諸役務」とあるのは「この法律施行後提供された諸役務」、「賃金」とあるのは「この法律施行後使用された労務についての賃金」と読み替えるものとする。

第4条　物の購入契約を除く外、第1条又は第4条に規定する工事の完

成、物の生産その他の役務の給付に関する契約でこの法律施行の際まだ履行の完了していないものについては、給付者は、命令の定めるところにより、この法律施行後、国、地方公共団体又は公団に対し、当該契約に係る約定金額のうち、この法律施行後提供さるべき工事、物又は役務に対する部分につき第9条第1項の規定に準じて内訳書を提出しなければならない。

　第9条第2項及び第3項の規定は、前項の場合に、これを準用する。

第5条　第1条、第4条若しくは第5条第1項又は第7条第3項の規定により労務について支払請求内訳書又は精算書を作成しなければならない業務を営む給付者又は下請人は、労働基準法第108条の規定の適用があるに至るまでの間は、その使用する労務者の就業する事業場ごとに、当該官吏の検査を受けるため、すべての労務者についての日日の賃金支払簿を備え置き、これにその使用した労務者の氏名を登録し、その職種、賃金支払額及び本人の受け取った金額を明らかにして置かなければならない。

　当該官吏は、何時でも、前項の規定による賃金支払簿を検査し、又、これに関し質問をすることができる。

第6条　前条第1項の規定による賃金支払簿を備え置かず又は虚偽の記載をしたものを備え置いた者は、これを6カ月以下の懲役又は1万円以下の罰金に処する。

　前条第2項の規定による検査若しくは答弁を妨げた者又は同項の規定による質問に対して虚偽の答弁をした者も、また前項と同様とする。

資料－6（本文 P24）

「政府の公価厳守に関する措置について」

片山内閣総理大臣談話
（政府に対する不正手段による支払請求の防止等に関する法律案上程に際して）

1. 連合軍総司令官は、9月12日付の覚書をもって政府に対し、政府支払を削減するために政府において統制価格及政府の告示する一般職種別賃金を厳守すべきことを告示せられました。思うに今般の追加豫算等で収支の均衡を取り得た所以の一つは歳出の厳重な査定にあるのでありますから予算の実行そのものにおいて支出の適正を得なければ、たちまち予算の不足を来たし、健全財政の実現を期し得ないのであります。のみならずインフレ克服の根本的方策として流通秩序を確保するためには先づ政府みづからがヤミ行為に対して徹底的な取締りの方針をもってのぞむ以外に途はないのであります。

   政府は今回の指令に関し連合軍司令部の好意に心から感謝するとともにその趣旨を体して予想せられるあらゆる困難圧迫を排し関係各庁一致協力して政府自身のヤミ行為を徹底的に根絶する方針を固め、これを実行する方策としてとりあえず「政府に対する不正手段による支払請求の防止等に関する法律案」を準備してこれを国会に提出することにしました。その内容は別に示す通りでありまして、これによって政府を対手方とする契約は従来に比べて甚だしくきびしい制約を受けることになるのでありますが、ヤミ取締りの一助とするため関係方面の御協力を願いたいのであります。
2. 勿論政府が右の連合軍指令を完全に守り得る為には、この様な法制的措置を講ずるだけで足りるのではなく、あらゆる方面にわたって政府がヤミ行為をしないですむような体制を同時に確立することが必要であって、も

し之をしないならばたまたま契約又は支払の衝に当る者だけが不当に苦しめられる結果になることは極めて明らかであります。そこで政府は関係各庁と真に一致協力して左記各項を協力に推し進めることを申合せました。即ち

 (1) 政府の物資の需要はすべて一般国民経済的見地から策定された物資需給計画によること

 (2) 政府の配給統制資材は右の計画に則りすべて官給又は政府の割当配給によることとし、業者手持品の利用はそれを公定価格で使用されることを条件として認めること

 (3) これらの政府需要物資は担当官庁にあって責任を以って生産を促進して割当の現物化に努力することとし、緊急止むを得ない需要にについては、生産命令、出荷命令、強制買上等の措置を講ずる

 (4) 正当な政府の支払については、此を促進するとともに政府の支払は自由支払とする

 (5) 労務用物資の配給その他労務者の確保に必要な措置を講ずること

 (6) 政府以外の部門における公価の違反をも徹底的に取締ること

 (7) 各省各庁は夫々事業又は契約の責任として所要の監督の責に任ずること等であります。

3. そもそも流通秩序がまだ完全に確立していない現在、政府の支払のみを完全に公定価格によるというようなことは、場合によっては、政府の事業を極めて困難にすることを覚悟しなければ出来ないのであります。

 特に連合軍関係の需要は、政府としては万難を排して之を調達しなければならない事情のあるだけに今回の措置を成功させる為には中央にあると地方にあるとを問はず、生産配給輸送経理などを掌る担当官は、それぞれその全力をつくして正規の調達に万全を期することが肝要であります。なかんずく出先の契約又は支払担当官ならびに之と取引せられる関係の方々の決意如何は最も今回の措置の成否を左右するものであります。一方政府

はこれら連合軍関係の調達を適正化する事については、連合軍総司令部に対し、出先各軍の末端に至るまで出来るだけの好意と援助とを与えられたい旨を懇請しました。
　どうか官民共に今回の措置を体せられてその実行につき関係方面一致して不退転の勇気と努力とを示されたいのであります。

資料ー7 （本文 P25）

昭和 23 年 12 月 25 日
物価庁第 5 部不動産課

昭和 22 年法律第 171 号が適用される
建設工事の原価計算要綱

　昭和 22 年法律第 171 号の適用される工事については原価計算要綱案（昭和 23 年 12 月 25 日物価庁発表物第 5 部物第 742 号）の一部を次の如く改める。

§ 8　材料の原価は材料の買入代価とし、これについて統制額ある場合は、その額を超えないものとする。材料の買入手数料、引取運賃、荷役費、保険料、関税、並に買入事務、検収、整理、選別、手入、保管等に要した費用は買入代価に算入せず経費又は労務費又は諸役務費として処理する。
§ 9　材料費の評価については法律第 171 号に規定するところによる。
§10　同前
§12　労務費の評価については法律第 171 号に規定するところによる。
第 3 節「外註費」を「諸役務費」に改める。
§13　諸役務費とは、材料及び労務以外の役務であつて、第三者の提供するものに対する支払をいい、これをおおむね次のように区分する。
　　(1) 支払運賃
　　(2) 支払損料
　　(3) 支払用水費

(4) 支払動力光熱費
　　　(5) 外註費のうち下記に該当するもの
　　　　イ．その工事価格について統制額のあるもの
　　　　ロ．材料費、労務費、諸役務費、経費に区分することの不可能なもの
§14　のうち(8)の項「損料」を「原価償却費」と改め、記文を削る。「(12) 支払運賃」を削る。(13) 以下各項の番号を繰上げる。)
　　附表第一の「外註費」の文字を「諸役務費」に改め、その次に「小計」の欄を加え、原表の「小計」の文字を「合計」に改める。附表第2の名称、摘要、数量の欄は「材料費」にあつては、「品目、規格、品質、数量」とし、「労務費」にあっては、「職種、員数」とし「諸役務費」にあっては「種類、数量」の各欄と改める。

資料－8（本文 P25）

　　　総理庁令、外務省令、大蔵省令、司法省令、文部省令、
　　　厚生省令、農林省令、商工省令、運輸省令、逓信省令、
　　　労働省令　　　　　　　　　　　　　　　　　第5号

　昭和22年法律第171号政府に対する不正手段による支払請求の防止等に関する法律第1条の規定により作成する支払請求内訳書等を定める件を次のように制定する。
　昭和23年2月14日改正（昭和23年共同省令第1号による）

　　　　　　　　　　　　　　　　　　　　　　内閣総理大臣、各大臣

第1条　昭和22年法律第171号（以下法という）第1条の規定により作成する支払請求内訳書は、別紙書式第1による。
　法第7条第3項又は法第9条第1項の規定により提出する精算書又は見積内訳書の書式は、前項に規定する支払請求内訳書の書式を準用する。
　但し同条但書第1号に該当する物又は役務のみを給付内容とする契約の場合には、別紙書式第2又は別紙書式第3による。

第2条　特別の事情により前条第1項（第2項において準用する場合を含む。）に定める書式によりがたい場合においては、各省各庁の長が、大蔵大臣に協議して別の書式を定めることができる。

第2条の2　法第2条の規定により作成する誓約書は別紙書式第4による。

第3条　法第10条第2項の規定により、政府が、同条第1項の事務に都

道府県の吏員又は公団の職員を従事させる場合は、当該都道府県又は公団の長に協議した上当該契約に関し充分なる知識経験を有する者をしてその事務に従事させなければならない。

第4条　法第11条の規定により命令で定める法人は、左に掲げる法人とする。

地方公共団体　北海道土工組合　同胞援護会　農業会　耕地整理組合　水利組合　漁業会　森林組合　其の他大蔵大臣の指定する法人

第5条　法附則第4条の規定により提出する見積内訳書は、昭和22年2月20日までにこれを提出しなければならない。

　　　附　　則

この省令は、法施行の日から、これを施行する。

(註) この書式記入事項は記入の最小限を定めたもので、契約担当官において必要と認めるときは、この以外に記入せしめることは差支えない。書式第2、第3についても同様である。なおこの書式を縦書にしても差支えない。

別紙書式第1

I区分

第1欄

支払請求内訳書

区分	材料費	品目	規格	品質	数量	単位	単価	金額	摘要
計									

第2欄 (法第1条但書第2号に該当するもの)

区分	品目	規格	品質	数量	単位	単価	金額	摘要
計								

第3欄 (法第1条但書第3号に該当するもの)

区分	品目	規格	品質	数量	単位	単価	金額	摘要
計								

第4欄

区分	労務費	職種	員数	単価	金額	摘要
計						

第5欄

区分	諸役務費	種類	数量	単位	単価	金額	摘要
計							

第6欄　その他
　　計
合　計

II区分
　第1欄
　　：
　第6欄
合　計

III区分
　第1欄
　　：

IV区分
　　：
その他

総計　（契約金額）

記入心得

1　この請求書の記入についてはすべて契約担当官の指示によること

2　各欄中区分の方法については工事等の場合には工事単位毎に適宜区分する等契約担当官の支持に従うこと

3　材料費諸役務費の単価の頭に
　　　公定価格と同額ならば　（公）
　　　　　　　　　以内ならば　（公）内
　　　例外許可価格ならば　　　（許）
　と必ず記入すること

4　官給及び軍給材料については朱書すること

5　金額計算については各欄とも摘要欄に説明を記入すること

6　労務費については諸手当は別行に記入すること

別紙書式第2　（物の場合）（当該給付が物のみの場合）

支 払 請 求 内 訳 書

区分	品目	規格	品質	数量	単位	単価	金額	摘要
計								

記 入 心 得

1　この請求書の記入についてはすべて契約担当官の指示によること

別紙書式第3　（役務の場合）（当該給付が役務のみの場合）

支 払 請 求 内 訳 書

区分	種類	数量	単位	単価	金額	摘要
計						

記 入 心 得

1　この請求書の記入についてはすべて契約担当官の指示によること

別紙書式第4

誓　約　書

　この支払請求内訳書は正確であり、且つこれに記載された価格及賃金額が昭和22年法律第171号政府に対する不正手段による支払請求の防止等に関する法律第2条の規定に適合して計算されたことを誓約します

　　昭和　年　月　日
　　　　住　所
　　　　　　　　　　　　　氏　名　　　　　　印
　　　　支　出　官　職又は官　何某　　　　　殿

資料-9（本文 P25）

　　　　労　働　省　告　示

労働省告示第 8 号

　昭和 22 年法律第 171 号政府に対して不正手段による支払請求の防止等に関する法律第 2 条第 2 項の規定による一般職種別賃金を次のとおり定め昭和 22 年 12 月 13 日からこれを摘要する
　昭和 22 年 12 月 27 日
　　　　　　　　　　　　　　　　　　　　　労　働　大　臣

1. 普通程度の技能、経験又は能率を有する労働者に対する一般職種別賃金は左の通りである。（別掲）
2. 普通程度よりも低い技能、経験又は能率を有する労働者に対する一般職種別賃金は前号の金額よりも低いが、前号の金額の 7 割 5 分は下らない。
3. 普通程度よりも高い技能、経験又は能率を有する労働者に対する一般職種別賃金は第 1 号の金額よりも高いが、第 1 号の金額の 12 割 5 分は超えない。
4. 第 1 号の表に掲げられていない職業に対する一般職種別賃金は必要に応じ労働大臣が第 1 号の表に掲げられた職業との均衡を量り決定するものとする。
5. 単位生産量又は単位労働量に対する一般請負単価は第 1 号の日額を 1 日の標準生産量又は標準労働量で除して得た商である。
6. 次の手当は前各号による一般職種別賃金の外に支給される。
　(1) 時間外又は休日の労働に対し、2 割 5 分以上 5 割以内の割増率で算定する超過労働手当

(2) 著しい重量物を取扱う作業、著しく危険な作業、著しく衛生有害な作業、著しく不潔な作業、荒天時の屋外作業又は深夜の作業に対し3割以内の割増率で算定する特殊作業手当
(3) 役付労働者に対し3割以内の割増率で算定する役付手当
(4) 前各号の外解雇予告手当、休業手当等労働基準法に定める最低基準に基づいて支給される手当又は補償額

一般職種別賃金表（別掲 P100～101）

(1) 右の金額は1日につき休憩時間を除く労働時間8時間に対するものであって、且本告示本文第6号の諸手当を除きすべての手当その他の賃金を含めた額である。
(2) 各地方は次の地域より成るものとする。

北海道地方	北海道
東北北陸地方	青森県、岩手県、宮城県、秋田県、山形県、福島県、新潟県、富山県、石川県、福井県
関東甲信地方	茨城県、栃木県、群馬県、埼玉県、千葉県、山梨県、長野県
京浜地方	東京都、神奈川県
東海地方	静岡県、岐阜県、三重県、愛知県
近畿地方	京都府（京都市及乙訓郡を除く）、滋賀県、奈良県、和歌山県、兵庫県(伊丹市、尼ヶ崎市、西宮市、芦屋市、神戸市、明石市、川辺郡川西町、長尾村及び小浜村、明石郡大久保町及び魚住村並に武庫郡鳴尾村、良元村、本山村、本庄村、住吉村、御影町及魚崎町を除く)
京阪神地方	京都府、京都市及乙訓郡、大阪市、兵庫県伊丹市、尼ヶ崎市、西宮市、芦屋市、神戸市、明石市、川辺郡川

	西町、長尾村及び小浜村、明石郡大久保町及び魚住村並に武庫郡鳴尾村、良元村、本山村、本庄村、住吉村、御影町及魚崎町
山陰中国地方	鳥取県、島根県、岡山県、広島県、山口県
四国地方	徳島県、香川県、愛媛県、高知県
九州地方福岡	福岡県
九州地方其の他	大分県、佐賀県、長崎県、熊本県、宮崎県、鹿児島県

(3) 次の地域に対する一般職種別賃金は次の各号によって計算したものとする。

(イ) 千葉県松戸市、市川市、船橋市、千葉市、東葛飾郡行徳町、南行徳町及び浦安町並に埼玉県川口市、浦和市、大宮市、北足立郡朝霞町、入間郡所沢町及び豊岡町に対する額は関東甲信地方及び京浜地方に対する額の和半とする。

(ロ) 奈良県生駒郡、北葛城郡及び奈良市並に和歌山県海草郡、和歌山市及び海草市に対する額は近畿地方及び京阪神地方に対する額の和半とする。

(ハ) 名古屋市に対する額は東海地方及び京浜地方に対する額の和半とする。

(ニ) 長崎県の長崎市及び佐世保市以外の地域(乙地区)に対する額は福岡県及び福岡県以外の九州地方に対する額の和半とし、長崎市及び佐世保市(甲地区)に対する額は乙地区に対する額の1割増とする。

一 般 職 種

1　土木建築業

職種別 地方別	大工 日額	大工 月額	左官 日額	左官 月額	鳶工 日額	鳶工 月額
北海道地方	170円	3740円	170円	3740円	145円	3190円
東北北陸地方	105	2310	105	2310	85	1870
関東甲信地方	105	2310	105	2310	85	1870
京浜地方	145	3190	145	3190	115	2530
東海地方	95	2090	95	2090	85	1870
近畿地方	135	2970	145	3190	115	2530
京阪神地方	170	3740	180	3960	160	3520
山陰中国地方	125	2750	135	2970	115	2530
四国地方	115	2530	135	2970	105	2310
九州福岡	145	3190	145	3190	135	2970
九州其の他	95	2090	115	2530	85	1870

職種別 地方別	人夫(B) 日額	人夫(B) 月額	板金工 日額	板金工 月額	瓦葺工 日額	瓦葺工 月額
北海道地方	75円	1650円	150円	3300円	170円	3740円
東北北陸地方	50	1100	115	2530	115	2530
関東甲信地方	50	1100	95	2090	95	2090
京浜地方	65	1430	145	3190	150	3300
東海地方	50	1100	115	2530	115	2530
近畿地方	55	1210	125	2750	135	2970
京阪神地方	75	1650	180	3960	180	3960
山陰中国地方	55	1210	135	2970	135	2970
四国地方	50	1100	135	2970	135	2970
九州福岡	55	1210	145	3190	135	2970
九州其の他	50	1100	85	1870	95	2090

2　貨物運送業（陸上）　　　3　貨物運送業

職種別 地方別	荷車曳（車無）日額	荷車曳（車無）月額	荷馬車曳（馬車無）日額	荷馬車曳（馬車無）月額	ウインチマンデッキマン 日額	ウインチマンデッキマン 月額
北海道地方	125円	2750円	145円	3190円	110円	2420円
東北北陸地方	65	1430	85	1870	75	1650
関東甲信地方	65	1430	85	1870	75	1650
京浜地方	95	2090	115	2530	120	2640
東海地方	75	1650	95	2090	75	1650
近畿地方	95	2090	115	2530	85	1870
京阪神地方	115	2530	135	2970	135	2970
山陰中国地方	75	1650	95	2090	85	1870
四国地方	65	1430	85	1870	75	1650
九州福岡	95	2090	115	2530	85	1870
九州其の他	65	1430	85	1870	75	1650

別賃金表

| 石　　工 || 土　　工 || 人　夫　(A) ||
日　額	月　額	日　額	月　額	日　額	月　額
170円	3740円	95円	2090円	85円	1870円
115	2530	65	1430	55	1210
95	2090	75	1650	55	1210
160	3520	95	2090	95	2090
85	1870	65	1430	55	1210
125	2750	85	1870	65	1430
170	3740	125	2750	105	2310
135	2970	75	1650	65	1430
105	2310	75	1650	55	1210
150	3300	75	1650	65	1430
105	2310	75	1650	55	1210

| 配　管　工 || 塗　装　工 || 造　園　工 ||
日　額	月　額	日　額	月　額	日　額	月　額
170円	3740円	150円	3300円	125円	2750円
115	2530	105	2310	75	1650
105	2310	105	2310	85	1870
145	3190	145	3190	115	2530
105	2310	105	2310	95	2090
115	2530	125	2750	125	2750
190	4180	170	3740	150	3300
105	2310	125	2750	125	2750
95	2090	135	2970	95	2090
135	2970	135	2970	145	3190
95	2090	95	2090	95	2090

(海上)　　　　4　貨物運送業（沿岸）

| 普通人夫 || ウインチマン || 水　　切 || 普通人夫 ||
日　額	月　額	日　額	月　額	日　額	月　額	日　額	月　額
100円	2200円	110円	2420円	100円	2200円	95円	2090円
65	1430	75	1650	65	1430	60	1320
65	1430	75	1650	65	1430	60	1320
110	2420	120	2640	110	2420	105	2310
65	1430	75	1650	65	1430	60	1320
80	1760	85	1870	80	1760	75	1650
125	2750	135	2970	125	2750	115	2530
80	1760	85	1870	80	1760	75	1650
65	1430	75	1650	65	1430	60	1320
80	1760	85	1870	80	1760	75	1650
65	1430	75	1650	65	1430	60	1320

資料－10（本文 P28）

法律第 171 号に対する意見

(23.11.24)
建設工業経営研究会

1．本法と競争入札による請負制度

　　この法律の眼目は、第8条の約定金額の改定であろうと思われるが、元来入札に際しては官において妥当なる予定価格を定め、この価格以下で落札請負契約となるのが通例である。予定価格、落札価格（契約価格）はいずれも想定された見積で、事後における精算価格とは自ら差のあるのは当然である。しかし妥当な予定価格に基いて、正当な競争入札によって決定された請負価格は既に数段の規正を受けた額と考えられ、更にこれを精算して規正することは無意義である。終戦直後一部不当な利潤を得たものもあったかも知れないが、現在の入札におけるダンピング的傾向を見れば精算の結果減額することはあり得ないことである。事実本法施行以来第8条の発動によって契約金額を改定した例はないであろう。かつ、本法では精算の上減額改定のみを定めているが、それ程精算を重視するならば、当然増額改定も定むべきであって、この場合最早請負制度ではなく、実費精算制度を採用すべきである。

　　之を要するに競争入札を原則とする限り、精算によって価格を規正することはむしろ本末転倒で、請負価格の決定を厳正にすべきであろう。

2．本法と未確定契約

　　未確定契約は予定価格が定められないため、事後において原価計算

によって金額を決定するものである。即ち一種の実費精算制度であって敢えて本法適用の必要はない。㉓厳守等のことは物価統制令の適用等で足りるであろう。もっともこの場合の原価把握方式と労務費の問題については項を改めて述べる。

3．本法による原価把握方式

　終戦後、物価庁主導の下に、官民合同で建設工業原価計算要綱を作成し、従来明確を欠いていた建設工業の原価把握方式を定めようとした。これは技術、経理両方面から充分に検討を加えたもので、我国において現状を数歩前進した原価把握方式である。幸いに本法による原価把握方式は要綱によるそれと大体一致しているが、若干実情に合致しない点がある。よって未確定契約のものについては要綱に基づく精算書によって査定することにすれば、最も妥当であろう。

4．本法における労務費の取扱

　職業安定法の実施されている現在、労務費が実際に労務者に支払われる賃金を超え、所謂搾取があってはならないことは敢えて本法によらずとも論を俟たないが、本法においては更に労働省の告示する一般職種別賃金（ＰＷ）によって、労務費としての政府の支払、従って賃金が規正されることになっている。

　告示によれば，一応能率給を認めているのであるが、実際は官側も民間側もその事務的処理が困難なので、このＰＷは殆ど全く能率を無視した時間給として取扱われて居り、事実ＰＷは㉓賃金と呼ばれている現状である。元来能率給を本態としてきた業界において、時間給によることは、能率の上から、労務管理の面から、又労務者の側からも困難なので、実際の賃金は悉く能率給として支払われるが、官に対する請求は前述のように殆ど全く能率を無視した時間給としてのＰＷによって計算しなくてはならぬので、甚だしく実際と遊離してしまうこ

とになる。このように、ＰＷは官側に於ては最高賃金として取扱われているが、一方労務者側からは、一部地方の監督官庁でさえ最低賃金と解されている現状でＰＷはその意味を失っているのである。

　要するに労務費の取扱は実情を遊離しているが、事務的処理の困難な本法の適用によらず、単にＰＷを能率給を算定する基礎たるべき時間給と解し、之によって規正すれば足るであろう。

5．統制価格の改定と契約の更改

　統制経済下において、相当の㋹改訂があった場合は、契約条項にこの場合の規定がないとしても、事情変更の原則に基づいて、当然契約は更改されるべきで、このことは本法の有無に不拘処理さるべき筈である。更に本法によれば入札の際は、その当時の㋹によらなくてはならぬことになっているので、㋹が改訂された場合、たとえ僅少なものでも、直ちに契約は更改さるべきである。しかるに実情は㋹改訂と予算の裏付けのずれ等を口実として、特に地方官庁においては中々之に応じない。これは㋹改訂による危険負担を見込むことが本法違反なのであるから、むしろ自動的に契約更改さるべきであろう。しかし小額の㋹改訂による危険負担をも見込むことの出来ない本法の規定は、請負制度の主旨に反すると思う。

6．本法と請負における危険負担

　請負は投機であってはならないが、若干の危険負担は当然見込むべきであろう。建設工業においては危険負担が特に多いことは衆知の通りである。しかるに本法によれば前述の㋹改訂の場合のみならず、殆んど危険負担としての費用を見こむ余地がないと云っても過言ではない。さらばと云って、官においてこれを保証する定めでもない。このようなことはかえって明朗を欠くもので本法立法の主旨に反すると思う。

7．本法と前渡金制度
　　現在の金融状態及び工事促進の為に前渡金制度が設けられているが、本法によると前述の通り、その作成に甚しい手数と日時を要する見積書提出の後でなければ支払を受けることができない。この為折角の前渡金制度も無意味となり、工事遂行上の障害となっている。

　以上要約するに法律第171号は根本的に請負制度と相反するものであり、且つ実情に副わぬ点も多く、経費節減の方策として、競争入札による請負制度を採用する限り、之を廃止すべきものと思考する。

　　　　　　　　　　　　　　　　　　　　　　　　　　以　　上

資料－11（本文 P28）

政府に対する不正手段による支払請求の防止等
に関する法律の一部を改正する法律

昭和 24 年法律第 39 号

第1条に次の1号を加える。
 4．予算決算及び会計令（昭和22年勅令第165号）第7章第1節から第3節までの規定に従い一般競争入札又は指名競争入札に付し、国が結んだ契約により提供される物又は役務。

第9条第2項中「第1号及び第2号」を削る。

資料－12（本文 P28）

政府に対する不正手段による支払請求
の防止等に関する法律を廃止する法律

昭和 25 年法律第 190 号

政府に対する不正手段による支払請求の防止等に関する法律（昭和22年法律第171号）は廃止する。ただし、同法第11条の規定および同条の規定に関連する範囲内における同法第2条中の一般職種別賃金額の告示に関する規定は、国等を相手方とする契約における条項のうち労働条件に係るものを定めることを目的とする法律が制定施行される日の前日までなおその効力を有する。

   付　　則
この法律は、公布の日から施行する

この法律施行前にした行為に対する罰則の適用についてはなお従前の例による

理　由

　政府に対する不正手段による支払請求の防止等に関する法律は、最近における価格統制の緩和その他諸般の情勢にかんがみ、これを廃止するとともに同法中連合国軍の需要に応じて連合国軍のために労務に服する労務者および公共事業費をもって経費の全部または一部を支弁する事業に係る労務に服する労務者に対する賃金の支払に関する規定ならびにこれに関連する範囲内における一般職種別賃金額の告示に関する規定を、なお当分の間効力を有することとする必要がある。これがこの法律案を提出する理由である。

了解事項

　国等を相手方とする契約における労働条項を規定する法律の制定時期および内容につき国会で質問が行われるときは、法律案は、次期の国会に提出することおよびその内容は国際労働条約（1949年）および米国の公契約法当に準拠し、概ね次の事項を含むものとする旨答弁するものとする。

１．国等を相手方とする契約中には、労働時間、休憩、休日、安全、衛生等に関する既存の法令を遵守する義務を明記すること

２．国等を相手方とする契約中には、少なくとも同種の職業に従事するものに一般に支払われている賃金額を支払うことを確約させること

３．前2号の契約条項に違反した者に対しては、契約の取消し、将来一定期間にわたる契約参加の資格停止、未払の賃金相当額の留保、その他の民事的制裁を加えること

資料－13 （本文 P28）

法律第 171 号廃止法成立　その経過と解説

建設工業経営研究会　　益田　重華

（全建ニュース　昭和 25/5/11）

その経過

　法 171 条廃止法は別掲の通り、4 月 30 日衆議院を、5 月 2 日参議院を通過漸く成立した。本法の廃止については既に本誌第 53 号で述べた通り、総司令部からの覚書によって本年頭初に実現するはずであったが、この廃止法の了解事項に示されたような趣旨の労働条項を規定する法律を制定しようとする労働省及び関係方面の意図のため、その実現が阻まれていたのである。

　労働条項を規定する法律は次期国会に提出することになったのであるが、了解事項第 2 項の「国等を相手とする契約中には少なくとも同種の職業に従事するものに一般に支払われている賃金額を支払うことを確約させること」即ち請負業者に対しその労務者の賃金について一種の最低保証を義務づけることが、その主要目的である。

　労働省の説明によればこの場合の一般職種別賃金額は法第 171 号による場合と異なり、民間工事についての賃金によって定めるもので、すなわち民間工事についての賃金の上下に応じて官の工事についての賃金を上下させようとするもので、最低賃金制ではないとのことであるが、現在までのところ一般職種別賃金額の指定は労働大臣の権限であって契約更改の規定がないので、一般職種別賃金額が上昇した場合は請負業者は労働者に対し増加する義務のみを負うことになるのである。

　その外いろいろの問題があって、労働省の意図した法律がそのまま実

施された場合は、業者にとってあるいは法律第171号よりも影響するところ大であるかも知れないと思われたのであるが、一応この問題は次期国会まで持ち越されることとなった。

廃止法の解説

　この廃止法の但書は既述のいきさつによって労働条項に規定されるまでの経過規定であるが、この但書によって一般職種別賃金額の適用を受けるのは連合軍および公共事業にかかる直傭労務者の賃金であって、請負工事に関しては何等の拘束もない。すなわち法171号第11条および同条についての大蔵省の運用方針はつぎのとりである。

（賃金の支払）

第11条　政府職員（命令で定める法人の職員を含む）は左の各号の一に該当する労務者に対しては第2条第2項に規定する一般職種別賃金額を超える額の賃金を支払ってはならない。
　一　連合国軍の需要に応じて連合国軍のために労務に服する労務者
　二　公共事業費をもって経費の全部または一部を支弁する事業に係る労務に服する労務者

（第11条の運用方針－抜粋）

第16、一般職種別賃金について

　（七）の(3)の(ロ)　本条の適用を受けるのは国または合同省令第4条に規定されている法人が直接雇用している労務者についてのみである。すなわち公共事業費の予算に基く事業であっても請負契約をもって当該事業を営む場合においては国または地方公共団体に対する請負業者の請求については本条以外のこの法律全般の適用をうけるのであって本条の適用はうけないのである。

　また付則により廃止法は公布の日から施行されるので、公布の日以前

に契約した工事についても、見積内訳書、支払請求内訳書または精算書等を提出する要はなく、もちろん第8条による約定金額の改定についてもその適用はないのである。

廃止後の措置

　法171号の廃止によって、今後法的には見積内訳書を提出する必要はなくなったが、実施官庁としては、本法実施以前に行われていたように、事務処理の必要から工事費内訳書の提出を求めることは当然考えられることである。この工事費内訳書は従来各官庁によって書式も内容も区々のものであったが、これを出来るだけ合理的な簡単なものにし、統一したならば官民共に便宜であろうとの趣旨によって、本年頭初より建設省営繕部および建設工業経営研究会の主唱で、官民合同の工事費内訳明細書書式研究委員会を設け、研究の上漸く「建設請負工事、工事費内訳明細書標準書式」として成案を得たので、各官庁の賛同のもとに実施されることになった。この標準書式は法的なものではないが、別記のような官民合同の委員会によって作成されたものであり、一方中央建設業審議会において決定された「建設工事標準請負契約約款」第1条第3項による「工事費内訳明細書」の標準書式としても採用されたので、官公庁工事のみならず、広く民間工事にも用いられるように望むものである。

資料－14（本文 P32）

昭和 23 年 6 月 29 日

全国建設業協会御中

建設工業経営研究会

職業安定法施行規則第 4 条第 1 項第 4 号を下請に
適用する場合の認定基準案について答申

右に関して審議、成案を得ましたので答申いたします。
　尚、建設工業の下請制度には、①作業能率の問題、②経済的問題（建設工事の繁閑及各作業場の危険負担を含めて）が重要なる要素としてあるので、単に規則で定められた①機械②資材③企画技術の面のみから下請制度の可否、認否を論ずることは出来ないと思います。この点に関して特に充分の御配慮を願いたく、又職業安定法の目的たる労働者保護又は中間搾取排除のため、労務供給業として否定さるべき下請制度の改廃については、工事実施上の混乱又は停滞を極力防止する見地より、出来得る暫定的措置を認められるよう御処置願いたいと思います。

職業安定法施行規則第4条第1項第4号を
下請に適用する場合の認定基準案

建設工業経営研究会

第1　職業安定法施行規則第4条第1項第4号中「自ら提供する機械、設備、器材を使用して」とは、下請せる一連の作業遂行上必要と認められる機械、設備、器材を自ら提供し、使用すれば足りるものとする。（その機械、設備、器材のみを以て作業を遂行するものではなく、又その使用場所は作業場の内外たるを問わない。）

第2　同号中「その作業に材料資材を使用し」とは、下請せる一連の作業遂行上必要と認められる非統制資材の全部若しくは統制資材に対する運転資材を自ら提供し、使用すれば足りるものとする。（製品、半製品にしてその取付又は組立作業の軽微なるものは製品の販売と見做す。）

第3　同号中「専門的な企画技術」とは、職別作業については次のようなものを言う。
　　(1) 完全に専門分化された職種の企画技術
　　(2) 綜合業者において常時保有することの……(資料判読不能)
　　(3) 次の各項を綜合する専門的な企画技術
　　　(イ) その職種における各作業階程の綜合管理
　　　(ロ) その職種における作業の適正配分、段取及管理
　　　(ハ) 綜合業者及他職別業者との連絡、打合及交渉
　　　(ニ) その職種における機械、設備、器材等の適正なる運用及管理
　　　(ホ) その職種に使用する材料の適時搬入又は適正選別、調合又は配置及その管理
　　　(ヘ) 設計図、仕様書等に基き、その職種に必要な細部にわたる工

　　　　作図、実施図の作成、又は材料及作業についての細部にわたる
　　　　積算

第4　一連の作業について次の条件が満たされるときは、これを綜合して
　　下請させることができるものとする。
　　　(1) 第1・第2・第3の(1)、第3の(2)、又は第3の(3)の内何れか
　　　　一つの条件に該当する場合。
　　　(2) 第1・第2・第3の(1)、第3の(2)、又は第3の(3)の内何れか
　　　　二以上につき各一部の条件を具備する場合。
　　　(3) 第3の(1)(2)(3)の何れにも完全には該当しないが、特に規模、
　　　　作業量が大であつて第3の(3)の(イ)(ロ)(ハ)の各項が強度に認め
　　　　られる場合

別表「企画技術性」の一般　　○印…一般に企画技術の多いもの。
　　　　　　　　　　　　　　×印…一般に企画技術の少いもの。
1. 土木工事の場合（本件の場合には各工事を組合せて一貫作業で

工事別 \ 職種別		綜合請負業	下請土木工事業(コンクリートを含む)	下請大工工事業	下請鳶工事業	下請鉄工事業	下請鉄筋工事業
軟土切取盛土	一般整地工事を含む	一般には○	×				
硬岩掘削	ズリ捨を含む	○	○				
壁道支保		○		○	○		
コンクリート	鉄筋	○	○	○	○		○
	無筋	○	○	○	○		
道路	剛質舗装	○	○				
	簡易舗装	○	×				
橋梁	木橋	○			○		
	鋼橋	○			○	○	
線路築堤		○	○				
鉄道軌道	新設	○	○			×	
	改良	○	○			×	
護岸(石又はコンクリートシートパイル・杭打を含む)		○	○		○		
堤防	改修を含む	○	蛇籠× 聖本○		×		
特別基礎排水	締切り工事を含む	○	○	×	○		
上下水道管布設		○	○		○		

2. 建築工事の場合

工事別 \ 職種別		綜合請負業	下請大工工事業	下請土木事業(コンクリートを含む)	下請鳶工事業	下請鉄骨工事業	下請屋根工事業
臨時の仮設建物	殆んど設計図を要せぬもの	○	×	×	×		×
木造バラック	簡易な設計図を要するもの	○	○	×	×		×
木造耐久建物	完全な設計図を要するもの	○	○	一般には× 特殊基礎○	平屋建は× 2階以上○		○ ○
鉄骨・鉄筋コンクリート造その他耐火構造建物	同上改修を含む	○	○	○	○	○	○

114

施工されることが多いから注意を要す)

下請管工事業	下請線工事業	下請石煉瓦工事業	下請左官工事業	下請塗装工事業
×	×			
×	×			
×	×			
		○	×	
×	×			×
×	×	○		×
		○		
		○		
		○		
		×		
×	×	×		
○				

下請左官工事業	下請塗装工事業	下請石煉瓦工事業	下請管工事業	下請線工事業
×	×	×	×	×
×	×	×	○	○
○	○	×	○	○
○	○	一般には× 外装は○	○	○

法律第171号と原価計算

1 法律第171号の制定

　昭和22年「政府に対する不正手段による支払請求の防止等に関する法律」(昭和22年法律第171号、以下「法律第171号」という)が制定された当時は占領下であって、連合軍の覚書により、あるいは政府がこれに便乗して施策が行われた状況であった。法律第171号の国会提出に当って、

> 「政府は今回の指令(昭和22年9月12日付連合軍最高司令官よりの日本政府宛覚書第1775号)に関し、連合軍司令部の好意に心から感謝するとともに、その趣旨を体して、予想されるあらゆる困難圧迫を排し、関係各庁一致協力して政府自身のヤミ行為を律底的に根絶する決心を固め、これを実行する方策として、とりあえずこの法律案を提出することにした」

と総理大臣談話が発表されているとはこの間の事情を語っている。

　当時物価統制令(昭和21年勅令第118号)による統制額がほとんどあらゆる物について定められていたが、戦後のイソフレーションを防ぎえず、いわゆる闇価格が横行し、当然政府自身の所要物資も連合軍の調達物資も統制価格による購入はほとんどできないような状況であった。このような混乱を回復するために、次々と新たに統制額が指定されまた改訂されたが、インフレーションは容易に止ることを知らなかった。

ところで建設工事は当時として過大な連合軍のための設営工事を銃剣の下で遂行しなければならなかったし、一方当然に戦争中の空白を補い、戦災の回復のための最小限度の需要も相当の量に達したので、建設工事費も上昇の一途を辿っていた。

　しかし建設は個別的なものであり、統制額を作るにしても個別的に作らなければならないが、実際上は不可能である。このため、相当の混乱状態となったのは事実であった。

　この間にあって、物価庁の主唱による官民合同の研究の結果、昭和22年8月に「建設工業原価計算要綱案」が出来た（昭和23年12月25日、物5第742号〔附 官庁工事請負契約書案〕）。これは建設工事について統制額は作らないまでも、統一的な合理的な原価計算方法によって適正な工事費を維持しようとする努力であり、引続いて「原価計算表および附属書類記載基準案」は昭和年23年2月、「官庁工事請負標準契約書案」は同年3月成案を得た。しかし、連合軍司令部との折衝に時を費しているうちに、ついに法律第171号が公布されてしまったので、原価計算要綱としての効果は直接的には発揮しなかった。

　すなわち予決令第86条による予定価格作成の基準を建設工業原価計算要綱に求め、予定価格をもって統制額と同じ効果を持たせようとの意図であったのだが、要綱について司令部の了解を得ることができなかったのみならず、当時はインフレーションの進行が原価計算方式による予定価格の作成を不可能ならしめるような状況であったので、司令部の指令に便乗して、法律第171号を公布し、その責任を請負業者に転嫁したとも言いうるであろう。当時予決令では予定価格について次のように定めているに過ぎない。

〔予決令第86条〕各省各庁の長又はその委任を受けた官吏は、その競争入札に付する事項の価格を予定し、その予定価格を封書にし、開札の際これを開札場所に置かなければならない。

　法律第171号は簡単にいえば、建設請負工事について、統制額に基づいた事後原価計算——それもアメリカ式原価計算——を請負業者に行わせて、個別の統制額を設定すると同じ効果を得ようとしたのである。したがって法律の内容は統制額によるアメリカ式事後原価計算方式の説明と手続書類の作成方法についての規定が大部分である。

　この事後原価計算価格は統制額で構成され、闇価格は認められない建前であるし、事後原価計算価格以上の請負額は闇価格であるとしてその差額は支払われないという切捨御免の法律である。

　ここでいう事後原価計算価格とは、法律第171号では支払請求内訳書に記載された価格に相当するものである。しからば支払請求内訳書とはどのような内容であろうか。

〔法律第171号〕第1条、国、連合国軍又は特別調達庁の為になされた工事の完成、物の生産その他の役務の給付に関し、国対して自己又は他人が提供した物又はは役務の費用として代金又は報酬の請求をしようとする者は、命令の定める書式により支払請求内訳書を作成し、これにすべての材料及び労務並びに労務以外の役務で第三者の提供したもの（以下諸役務という）につき、材料については、その品目、規格、品質、数量及び価格、労務については、その労務者の種別の員数及び賃金額、諸役務についてはその種類及び価格の内訳を明記しなければならない。但し左の各号の一に該当する物又は役務については、その価額自体を記載すれば足り、当該物の生産又は役務の提

供に関し使用された材料労務及び諸役務に分けて内訳を記載することを必要とゼない。
1．物価統制令に規定する統制額（以下統制額という）のある物又は役務。
2．統制額のない物、但しその価格の合計額が国を当事者とする請負契約又は購入契約の各契約金額の1/200に相当する金額を超えない範囲におけるものに限る。
3．統制額のない物、但しその購入金額の含計額が第4条において準用される公団の購入金額を含み、国の一般会計歳出予算額の3/1000に相当する金額を超えない範囲において大蔵大臣の特に指定する購入契約により購入するものに限る。

第2条　前条の規定による支払請求内訳書に記載すべき材料及び諸役務の価額並びに賃金額は左の各号の定めるところにより、これを計算しなければならない。
1．材料及び諸役務の価額は、実際使用された数量及び
　イ．第1条に規定する工事の完成、物の生産その他の役務給付に関する契約成立前給付者が他人から譲り受けた材料又は提供を受けた諸役務については、契約成立の時の統制額。
　ロ．前号の契約成立後給付者が買い入れた材料又は諸役務については、その買入の時の統制額。
　ハ．その他のものについては、当該材料を事業場に搬入した時の統制額。
　ニ．ロ号若しくはハ号に掲げる時の明らかでないもの又は取得の方法の明らかでないものについては、イ号に掲げる統制額を超えない価格等（物価統制令第2条に規定する価額等をいう。以下おなじ）による。
2．賃金額は職種ごとに、実際使用された員数及び労務使用当時の一般職種別賃金額を超えない賃金額による。

前項に規定する一般職種別賃金額は、主務大臣が官報を以てこれを告示する。
　　第1項の統制額には、物価統制令第3条第1項但書の規定による許可に係る価額等の額を含む。

すなわち支払請求内訳書は原則として実績数量、員数とすべての物または役務を材料、労務、諸役務、諸雑費等の原価要素に分解した統制額とによって計算することを規定している。賃金については統制額はないので、この法律で一般職種別賃金額（Prevailing wages）というものを定めているが、これについては後述する。

これはたとえば製品などの統制額の決定のために物価統制令（昭和21年勅令第118号）第18条にもとづき、原価計算を製造業者に要求したのと相似しているし、製造工業原価計算要綱に代るものということができよう。しかし第1に原価計算方式の確立していないわが国建設業界にアメリカ式の原価計算方式を強行しようとしたこと、第2に闇価格横行の時代に統制額による処理を要求したこと、第3に請負額を超過した分について切捨御免の不合理をあえてしたことなどの理由により、法律第171号の運用は結局のところ表面上の書類作成で如何に辻褄を合せるかの問題となってしまい、官民ともに書類操作の奔命に疲れたといっても過言ではない。これについて当時大蔵省当局は、

「実務に当ってみると種々の困難に蓬着し特に現在我国の大部の工場会計に適用されている原価計算とこの法律の運用とを適合させるためには、なお多くの問題を有しているようである。」（大蔵省管理局調査課編「政府に対する不正手段による支払請求の防止等に関する法律および関係法令の改正点とそ

の運用について」〔昭和24年5月〕）

と述べている。

　とにかく法律第171号によれば適法の支払請求内訳書に記載された額が物価統制令下におけるその建設工事の適正価格であって、予定価格の存在は甚だ影薄いものとなっている。もっとも占領軍の進駐以来その設営工事の繁忙に明けくれ、予定価格を立てて入札するどころか、銃剣下の特命突貫工事のみであった。

2．法律第171号の一部改正

　かくて法律第171号の実施1年余りその経済情勢に及ぼした影響についてはしばらくおき、官民とも作文事務に慣れたころ、ようやく世の中も落着きの萌芽が見えはじめ、競争入札制度が軌道に乗ってきたので連合軍司令部の覚書（連合軍最高司令部覚書1775の2〔昭和24年3月10日〕）を求めて、昭和24年4月30日次のように法律第171号の一部が改正された。

　〔法律第171号の改正〕（昭和24年法律第39号）
　第1条に次の1号を加える。
　　　4．予算決算及び会計令（昭和22年勅令第165号）第7章第1節から第3節までの規定に従い一般競争入札又はは指名競争入札に付し、国が結んだ契約により提供される物又は役務

　この改正は予決令の規定に従って競争入札によって契約した物または役務についてはその予定価格を統制額に準して取り扱うこととしたものである。したがって競争入札によって契約した場合は、法

律第171号の規定による支払請求内訳書は契約額1本でよいこととなったわけである。

換言すれば、入札制度の平常化とともに統制額に基づく事後原価計算が請負業者の責任となっていたものを、官吏の責任における事前原価計算による予定価格をもって統制額と同じ効果を持たせることを規定したのである。

ところが予定価格が統制額に準して取り扱われるのは競争入札によって決定した場合だけであって、その契約が更改された場合の更改部分について、または数度の入札不調後などの随意契約によるものは予定価格はあるけれども適用はないので、実質的にはなお相当の負担であった。

この法律第171号の一部改正とともに予決令の一部が改正され、予定価格の定め方が規定された。

〔予決令〕第86条　各省各庁の長又はその委任を受けた官吏は、その競争入札に付する事項の価格を当該事項に関する仕様書、設計書等によって予定し、その予定価格を封書にし、開札場所に置かなければならない。

これは予定価格は契約しようとする事項の設計書、仕様書等によって算定しなければならないことを明らかにしたもので、従来行われてきたことを成文化したに過ぎない。

〔予決令〕第86条の2　予定価格は、競争入札に付する事項の価格の総額について定めなければならない。但し、一定期間継続してなす製造、修理、加工、売買、供給、使用等の契約の場合においては、単価についてその予定価格を定めることができる。

この規定は、予定価格を給付の総額について定めなければならな

いことを明らかにしたもので、例外を除き建設工事の場合、坪当り価格などをもって予定価格とすることはできない。

　〔予決令〕第86条の3
　①予定価格は左の各号により計算した価額によって定めなければならない。
　　1.　契約の目的となる物又は役務について物価統制令（昭和21年勅令第118号）に規定する統制額（同令第3条第1項但書の規定による許可に係る価格等の額を含む。以下統制額という）のある場合は、当該統制額を超えない価額。
　　2.　契約の目的となる物又は役務について統制額のない場合は、これを構成する材料、労務、諸役務及び諸雑費に分けて、左の方法により計算した価額。
　　　イ、統制額のある材料及び諸役務については当該統制額を超えない価額。
　　　ロ、一般職種別賃金額のある労務については当該賃金額を超えない価額。
　　　ハ、統制額のない材料及び諸役務については類似の材料及び諸役務の統制額に準拠して適正に計算した価額。
　　　ニ、一般職種別賃金額のない労務については一般職種別賃金額に準拠して適正に計算した価額。
　　　ホ、諸雑費については、各省各庁の長が大蔵大臣と協議して決定した基準により計算した額を超えない価額。
　　3.　契約の目的となる物又は役務の性質上前号の規定によることができないものについては、各省各庁の長又はその委任を受けた官吏が、取引の実例価格、履行の難易、契約数量の多寡、履行期間の長短、需給の状況等を考慮して決定した価額。
　②　前項第1号又は第2号の規定により、統制額又は一般職種別賃金額を超

えない価額で契約の目的となる物又は役務の価額を計算する場合においては、当該物又は役務の取引の実例価格、履行の難易、契約数量の多寡、履行期間の長短、需要の状況等を考慮して当該価額を定めなければならない。

本条が予決令改正の骨子であって、法律第171号のアメリカ式原価計算方式を移したものということができよう。

第1号は契約の目的となる物または役務自体について統制額のある場合で、当然統制額を超えない価額によることになるが、建設工事はこれに該当しない。

第2号が建設工事などの場合の規定である。すなわち建設工事を材料、労務、諸役務および諸雑費に分けて、法律第171号と同じような計算法を規定している。ただ既に統制価格制度が相当後退しはじめている時期であったので、統制額のない場合は類似のものの統制額に準じ、一般職種別賃金額のない職種については、それとの均衡を考慮して、計算した価額を用うることになっているのと、諸雑費についてその基準を各省各庁の長が大蔵大臣と協議して決定することになっている点が法律第171号の場合と異る。

この計算規定では価額についてのみ定めているが、数量については、第86条の「価格を仕様書、設計書等によって予定し」の規定にうかがえるのみであることは注意を要する。

第3号は、原価計算のできないもの、石、動植物、書画骨重などの場合の規定である。

さて第2項において当該物または役務の取引きの実例価格、履行の難易、契約数量の多寡、履行期間の長短、需給の状況等の条件状況の判断を加えるべきことを規定しているが、当該物または役務と

は契約の目的となる物または役務すなわち工事である。すなわち第2号の規定によって計算した工事の価額は事前原価計算価格であってこれに取引きの諸条件、状況の判断を加えて予定価格とすべきことを規定しているのである。換言すれば予定価格は取引きの諸条件状況によって、事前原価計算価格より高くもなり、安くもなるはずである。

　このときの予決令の改正は、前にも述べたとおり．予定価格を統制額に準じて取り扱うための必要からであり、すべての統制額は原則として原価計算価格にもとづいて決定されるものであるが、その決定に際しいずれの場合も取引きの諸条件、状況が考慮されることは当然であろう。

　さてこのようにして法律第171号と同じようなアメリカ式原価計算方式が予定価格の計算方法として規定されたが、当時としては四囲の状況上止むをえなかったであろう。しかし現在（編者注：この著作は1957年－昭和32年、彰国社より建築文庫24として刊行された）はすでに法律第171号も廃止され、予決令も改正されたにもかかわらず、予定価格の計算についていまだにこの当時の残滓が残っていると思われるのは甚だ遺憾である。

　アメリカ式原価計算方式がわが国建設業界の実情に合わない点を簡単に述べれば、すべての労務者が組合（union）を通じて供給され、その賃金は組合と業者（資本家）との間で締結された協定賃金にもとづいて時間給を単位として支払われるアメリカの様態と、事柄の善悪はともあれ、職業安定法の強行によっても、公共職業安定所は建設労務者の供給源となることができず、主要労務者のほとんど全部をなんらかの縁故によって求めなければならず、かつその賃金は

作業量単位で定められるわが国建設業の実態との根本的相違である。

3．法律第7171号の廃止（昭和25年法律第190号）

　かくてまた1年あまり、ようやく機熟して法律第171号の廃止される日が来た。それとともに予決令の予定価格に関する部分も大幅に改正されて現行のようになったのである。そのもっとも重要な改正は第86条の3特に、第1項第2号の改正であろう。すなわち第86条の3は予定価格の計算方法を定めたもので、すでに述べたように、法律第171号の精神によるアメリカ式原価計算方式を規定したものであったが、それがわが国の実情特に建設業界の実情に合致しないため起った不合理を揚棄している。

　〔予決令〕（現）第86条の3
　　①　予定価格は左の各号に掲げる価額によって定めなければならない。
　　　1．同前〔改正なし〕
　　　2．契約の目的となる物又は役務について統制額のない場合は、各省各庁の長又はその委任を受けた職員が適正と認め決定した価額。
　　②　前項の規定により予定価格を定める場合においては、当該物又は役務の取引の実例価格、需給の状況、履行の難易、契約数量の多寡、履行期間の長短等を考慮しなければならない。

　すなわち、予決令から予定価格の計算規定を除いて、単に「予定価格は当該工事に関する仕様書、設計書などによって各省各庁の長又はその委任を受けた職員が適正と認め決定した価額によって定める」と規定しているのみである。しかし工事は個別的のものであるから事前原価計算は重要ではあるが、少くとも以前の規定のような

アメリカ式原価計算方式にとらわれる要は全然ないわけである。またさらに重要なことは以前の規定は統制額に準じた価格としての予定価格の計算方法を規定したものであるが、現在の予定価格はもちろんそのような性格のものではないはずであり、したがって「適正価格」という意味は強制的性格を有すべきではなく、取引上の常道における価格ともいうべきものであろうと思う。

次にすでに計算過程の規定がないのであるから第2項の「当該物又は役務」は工事自体の意味であることは当然である。ところで「取引の実例価格」が予定価格を定める場合に考慮すべき要素となっているが、工事は個別的であるので厳格な意味では「取引の実例価格」もまた個別的であって、ほかには存在しないはずであり、考慮の要素となるのは「類似の工事の実例価格」であることも注意すべき点であろう。この点は以前の予決令においても同様である。

さて法律第171号は廃止されたが、実は妙な紐がついているのである。すなわち当時（昭和25年前半）はいわゆる経済安定9原則による物価政策の強行にともない価格統制は大幅に緩和され、諸般の情勢もようやく安定しつつあったが、一方職業安定法第44条による労働者供給事業の禁止について連合軍司令部が強硬な政策を実施しつつあった時であったのが主な理由と思われる。この点についての法律第171号を廃止する法律（昭和25年法律第190号）の規定は次のようである。

「政府に対する不正手段による支払請求の防止等に関する法律（昭和22年法律第171号）は廃止する。但し同法第11条の規定及び同条の規定に関連する範囲内における同法第2条中の一般職種別賃金額の告示に関する規定は、国

等を相手方とする契約における条項のうち労働条件に係るものを定めることを目的とする法律が制定施行される日の前の日までなおその効力を有する」

この「国等を相手方とする契約における条項のうち労働条件に係るものを定めることを目的とする法律」とはアメリカ式労働条件を強行しようとしたものであって、要綱案も準備されたのであったが、まもなく同年6月朝鮮事変の勃発があり、情勢の急激な変化により立ち消えとなって今日に至っているのである。つまりこの法律の但書は今日もなお効力を有している。

したがって一般職種別賃金額については若干述べる必要があろう。

4. 一般職種別賃金について

一般職種別賃金（Prevailing Wages、以下P.W.という）の定義は法律第171号にも労働者告示にも見当らない。ただP.W.に関する労働省の通達に次のように述べている。

〔一般職種別賃金の意義〕
(1) 9月12日付「政府支出の削減」に関する連合軍総司令部指令1の(2)によれば、公共事業及び進駐軍関係労務に対して支払わるべき賃金は「連合軍総司令官の審査を受ける方法に従って当該地域における同種の雇傭に対して、日本政府が決定する一般の賃金（Prevailing Wages）と原則として同額であるべきで、且つ如何なる場合でも超過してはならないと規定されているが、この一般の賃金とは「同一職業に対し同一地方において通常支払われている賃金」という意味であって、法律第171号でいう一般職種別賃金はその意訳である。（以下略）

またその解説書において「その地方においてその職業（技能、経験、能率の等しい場合）に対して一般に支払われている賃金である」と言い、また「同一地方の同一職業について一般民間の賃金の平均額」であるとも述べている。

次にこのP.W.はどのように用いられるべきかについて同じ通達は次のように述べている。

(2) 法律第171号第2条第1項の規定は、支払請求内訳書に記載される賃金額が一般職種別賃金を超えてはならないことを定めたものであって、請負業者等が実際に労務者に支払う賃金額が一般職種別賃金額を超えることを禁止したものではない。

このような意味を持つP.W.は昭和22年12月27日労働省告示第8号によって最初に定められたが、告示において次のように規定している。

〔労働省告示 昭和22年第8号〕一般職種別賃金に関する告示
1) 普通程度の技能、経験又は能率を有する労働者に対する一般職種別賃金の基本額は別紙一般職種別賃金基本額表の標準額である。
2) 普通程度より低い技能、経験又は能率を有する労働者に対する一般職種別賃金の基本額は1)の金額よりも低いが、別紙一般職業別賃金基本額表の最低額を下らない。〔注：標準額の7割5分〕
3) 普通程度より高い技能、経験又は能率を有する労働者に対する一般職種別賃金の基本額は1)の金額よりも高いが、別紙一般職種別賃金基本額表の最高額を超えない。〔注：標準額の12割5分〕
4) 第1号の表に掲げられていない職業に対する一般職種別賃金の基本額は必要に応じ労働大臣が第1号の表に掲げられた職業との均衡を量り決定するものとする。

5) 単位生産量又は単位労働量に対する一般請負単価は第1号の日額を1日の標準生産量又は標準労働量で除して得た商である。
6) 次の手当は前各号による一般職種別賃金の基本額の外に支給される。
  (1) 時間外又は休日の労働に対し、2割5分以上5割以内の割増率で算定する超過労働手当。
  (2) 著しい重量物又は長大物を取扱う作業、著しく危険な作業、著しく衛生上有害な作業、著しく不潔な作業、荒天時の屋外作業又は深夜の作業に対し3割以内の割増率で算定する特殊作業手当。
  (3) 役付労働者に対し3割以内の割増率で算定する役付手当。
  (4) 著しく高い技能又は能率を有する労働者に対し、3割以内の割増率で算定する技能手当 ──〔32.4.4追加〕
  (5) 災害その他避けることができない事由によりその地方において、雇い入れることが困難な労働者に対し、3割以内の割増率で算定する特別手当 ──〔32.4.4追加〕

　一般職種別賃金についての労働省告示は、昭和22年12月が最初であってその後、23年4月、8月、12月、26年1月、10月、27年11月、28年11月の改正を経て最近32年4月に改正されたが、賃金額の改正が主であって、一般職種別賃金の趣旨は同じである。ただ手当のうち技能手当と特別手当とが最近の改正で追加されたのは、少しでも実情に近づけようとする努力であろう。
　この労働省の告示によって一般職種別賃金とは、「同一地方の同一職業についての一般民間の賃金の平均額を統計的に求めた上下おのおの25％の巾を有する額であって、官公庁の支払賃金計算の基準として用いるものであり、個々の労働者の実際に受取る賃金についての制限は上下ともなく、賃金の統制額ではない」。ことを知ること

ができる。

　ところで建設業では多くの場合請負賃金制をとっているが、この場合も請負賃金の最高額を定めたり、統制したりしようとするものではない。すなわち告示5によれば

　　単位生産量に対する一般請負単価＝ a
　　一般職種別賃金＝ b　　　　1日の標準生産量＝ c とすると
　　　　a＝b／c

となるが請負にすれば生産量は増すのが普通であり、そのために労働者も使用者も請負制を採用するのであるから、今かりに生産量が2倍となったとすれば、この場合実際に支払われる賃金すなわち請負賃金Wは

　　　　W＝2・a・c＝2・b

となり一般職種別賃金の2倍となる。この関係を労働省の解説は次のように述べている。

> 「告示5による一般請負単価を用いて実際に支給された賃金はその金額が一般職種別賃金に該当するものであって、この場合最高額の制限はない。」

　これはくり返すと請負賃金制作業量単位契約によった場合の実際に支給される賃金は、日給などの定額賃金制による場合よりも相当上廻る実態を認めていることを意味する。請負賃金制は労働者にとってはそこに働き甲斐があり、使用者にとっては労務管理上の利点があるところが、労使双方にとっての妙味の存するところである。しかしこの場合の歩掛は、定額賃金制による歩掛あるいはそれに近いものを標準としなければ、労使双方にとって請負賃金制を採用する意味はないこととなる。

労働省としては、請負賃金制の実態の認識に立って、このような規定が無理なく運用されるものと考えたのであろうが、建設業における請負賃金制は労働者個々に対してのものではないし、標準歩掛に対する観念上の定義も定まっておらず、したがってその妥当性ある数値もなかったので、実際の運用上では請負賃金制を用いて事務処理を円滑に行うことができなかった。もっともその理由の主なものは、労働者個々に対する請負賃金制でなければいわゆるレーバーボスによる中間搾取が行われるという労働省の見解 —— というよりは総司令部の解釈 —— が強く作用したためであった。

　次に法律第171号の廃止には、妙な紐が付いていることはすでに述べた通りである。

> 但し、同法第11条の規定及び同条の規定に関連する範囲内における、同法第2条中の一般職種別賃金額の告示に関する規定は、国等を相手方とする契約における条項のうち労働条件に係るものを定めることを目的とする法律が制定施行される日の前日まで、なおその効力を有する。

　この但し書は当時の状勢として、総司令部がいわゆるレーバーボスの排除を強硬に主張していたために設けられたものである。しかし現在においては、このような法律の制定施行されることは考えられないのであるが、とにかく今日でも法律第171号中の第11条の規定と、それに関連して労働省の一般職種別賃金の告示は生きているのであり、前述のように最近もその改正が発表された。

> 〔法律第171号〕第11条、政府職員（命令で定める法人の職員を含む）は左の各号の1に該当する労務者に対しては、第2条第2項に規定する一般職種別賃金額を超える額の賃金を支払ってはならない。

1. 連合国軍の需要に応じて連合国軍のために労務に服する労務者
2. 公共事業費を以て経費の全部又は一部を支弁する事業に係る労務に服する労務者

　この規定は、法律第171号施行当時から請負契約には全然関係のないことは次のように労働省、および大蔵省の通達で明らかである。

〔労働省通達〕法律第11条の規定は、進駐軍関係及び公共事業関係直備労務者に対し実際支払われる賃金額を定めたものであるが、これは使用者としての政府職員の義務を規定したものである。

〔大蔵省通達〕法律第11条の適用を受けるのは、国又は合同省令第4条に規定されている法人が直接に雇傭している労務者についてのみである。即ち公共事業費の予算に基く事業であっても、請負契約をもって当該事業を営む場合においては、国又は地方公共団体等に対する請負業者の請求については、本条以外のこの法律全般の適用を受けるのであって、本条の適用は受けないのである。

　したがって法律第171号廃止についての紐は、請負業者に関するかぎりなんら影響はないわけである。予決令についても第86条の3における「一般職種別賃金額のある労務については、当該賃金額を超えない価額」「一般職種別賃金額のない労務については、一般職種別賃金額に準拠して適正に計算した価額」によって予算価格を計算すべきことを定めた規定は、法律第171号の廃止とともになくなっているのであるから、予定価格の計算においても、なんら一般職種別賃金額の拘束は受けないのである。

略　年　表

年	月	日	関　連　事　項
20	3	28	戦時建設団設立
	10	1	戦時建設団解散
	11	1	日本建設工業統制組合設立
	11	5	戦災復興院設置
21	2	6	組合に建設工業制度調査委員会設置
	3	3	物価統制令公布
	8	8	統制組合建設工業経営研究会発足
	8	12	経済安定本部・物価庁発足
	12	1	商工組合法廃止
	12	3	政府契約の特例に関する法律（第60号）公布
22	2	8	臨時建築等制限規則公布
	2	28	日本建設工業統制組合解散
	3	1	日本建設工業会設立
	4	7	労働基準法・労働者災害補償保険法制定
	4	28	特別調達庁法公布
	9	1	臨時建築等制限規則公布（2／8規則廃止）
	12	1	職業安定法施行・コレット旋風
	12	6	建設工業会に閉鎖機関指定の内示
	12	13	法律第171号公布
23	2	17	東京建設業協会設立
	3	1	日本建設工業会解散
	3	16	全国建設業協会設立
	5	20	建設工業経営研究会創立
	7	1	建設省発足
24	3	7	ドッジライン声明
	3	17	全建、職安法労働供給事業の解釈に付意見書
	4	30	法律第171号の一部を改正する法律成立
	5	24	建設業法公布　8／20施行
25	2	5	臨時建築等制限規則の制限大幅に緩和
	5	20	法律第171号廃止
	5	24	建築基準法・建築士法公布
	6	25	朝鮮戦争勃発
	11	23	臨時建築制限規則廃止

編者あとがき

　本書は、著者の益田さんが、以前に建設工業経営研究会の会史とすべく書き留められた原稿の初めの部分を、著者の了解を得て、参考資料と共に編者が取りまとめたものである。

　益田さんは今年の9月で満94歳、お元気である。外出は控えておられるが、眼も耳も、そして頭脳も全く衰えを感じさせない。戦中戦後を通じて、日本の建設界を側面から支え、時に適切な指摘と助言を続ける姿勢は今もって変わらない。半世紀の歴史の生き証人と言うべきであろう。

　さて半世紀にわたる建設工業経営研究会（経研）の活動については、先頃益田さんの論文や報告を収録した「建設産業近代化の側面史（平成8年大成出版社）」によってかなり詳しく知ることが出来る。ただし、昭和20年代、とくに終戦直後昭和25年までの混乱の時代、つまり経営研究会にとってはその草創期に当る時代の活躍ぶりについては詳しく知る資料がこれまで見当たらなかった。

　今回たまたま編者が、経研の書庫の中で、見出しを「経研略史(1)」とした著者手書き原稿のファイルを発見した。著者の記憶では昭和30年代中頃に書いたもので、その後も継続の予定であったが、適当な機会を得ず、そのままになったとのことである。ともあれ、疑いなく戦後建設界の歩みを知るうえで貴重な史料であり、著者に是非活字にされるよう勧めたという次第である。

　ところで表題についてであるが、「経研略史」としなかったのは、内容がその草創の時期に限っていることと、法律171号を再認識することに、すぐれて今日的意味があると思ったからである。

法律171号と云っても、近ごろでは知る人は少ない。また、今更そんな古い話をされても仕方がないというのが大方の反応である。

　しかし、現行の公共工事発注制度、とくに予定価格の算定に関する手続の慣行は、意外に戦後の占領時代、価格統制の枠組みの中で生まれたものなのである。

　戦前には予定価格の決め方にこんにちのようなルールはなかったのだが、戦後の物価統制時代に法律171号が公布されて、工事費も公定価格と一般職種別賃金に基づく事後精算が義務付けられた。このため当時の請負業者が大変苦しんだ挙句、発注側が一定の原価計算方式で算定した予定価格を、公定価格に準ずるものとする規定を171号に加えてもらい、漸く急場を凌いだ経緯があるのである。

　つまり戦後の価格統制時代にやむなく採られた方式であったが、どうした訳かこの考え方が、価格統制が徐々に解除され、昭和25年に171号が廃止された後も、予定価格に関する会計法の解釈や運用の枠組みに、そのまま残ってしまった。公共工事の契約額の正当性は、本来は競争入札による市場の価格形成がその拠りどころである筈なのに、こんにちでは発注側で行うコスト計算にその根拠を求めるのが一般的な認識である。競争入札はその実質的な機能を失っていると言わざるを得ないのであるが、その根本的な原因が、談合の有無だけでなく、こうした予定価格算定手続にあることを、この際改めて再認識する必要があると思う。

　その意味で、法律171号の制定及び改廃の経緯と、工事費の算定に当って基準となる原価計算方式を追求した、当時の建設工業経営研究会の活躍を記録に留めることは、きわめて重要な意味があると考え、敢えて本書の表題としたわけである。

なお、この点については、本書の原稿執筆とほぼ同じ時期に出版された益田重華著「建築費の分析と原価計算（彰国社建築文庫NO24、1957年）」の中に、より詳しい内容の記述があるので、参考までに収録した。このことについて快く承諾をしてくれた彰国社社長山本泰四郎氏に感謝の意を表したい。

　また前記の、著者手書き原稿には、本書に収録した部分のほか、見積書標準書式制定に関する経緯などが加えられている。これらについても、機会を見つけて公にしていきたいと考えている。

　2001年8月

建設工業経営研究会顧問
法政大学名誉教授
岩 下 秀 男

著者略歴

益田重華（ますだ・しげよし）

1907年（明治40年）山口県生れ。1934年日本大学工学部建築学科卒業後、大倉土木（現大成建設）へ入社。戦時中、呉海軍建築部に技師として徴用。戦後の混乱期、戦時建設団関東信越地方団、日本建設工業統制組合、日本建設工業会で技師として活躍するが、戦後大倉土木へは戻らず、1948年建設工業経営研究会創立に参画。65年から69年にわたり、『建設業経営選書』全13巻（鹿島研究所出版会発売）を編集発行する。84年専務理事を退任。この間、一貫して建築技術者として建設業界側の視点に立って発言活動し、建設業の経営、経理、技術等と広範な分野にわたって切り拓いた調査研究活動は、近代化する建設産業の発展に大きく貢献した。現在、建設工業経営研究会相談役。
主著に『建築費の分析と原価計算』（彰国社建築文庫24・1957）『建設産業近代化への側面史』（大成出版社・1996）等がある。

編者略歴

岩下秀男（いわした・ひでお）

1926年（大正15年）東京生れ。1948年東京大学第二工学部建築学科卒業後、大成建設へ入社。56年退社し、57年建築コンサルタント岩下秀男研究所を設立する。62年法政大学工学部助教授、69年教授、97年法政大学を退任。現在、名誉教授。建設工業経営研究会顧問。
主著に『新建築学体系22建築企画』共著（彰国社・1982）『建築経済』（理工図書・1983）『日本のゼネコン』（日刊建設工業新聞社・1997）等がある。

建設原価計算と法律171号
―建設工業経営研究会草創時の記録―

2001年10月31日　第1版第1刷発行

著　者　益　田　重　華
編　者　岩　下　秀　男

発　行　建 設 工 業 経 営 研 究 会
　　　　東京都中央区八丁堀 2 - 5 - 1
　　　　〒 104-0032 電話03(3551)4832

発　売　株式会社 大成出版社
　　　　東京都世田谷区羽根木 1 ― 7 ―11
　　　　〒156-0042 電話03(3321)4131(代)

Ⓒ2001　S.MASUDA　　　　　　　　　　　印刷　亜細亜印刷
　　　　落丁・乱丁はおとりかえいたします。
　　　　ISBN4―8028―8716―7